# 《"中国制造 2025"出版工程》
## 编　委　会

**主　任**

孙优贤（院士）

**副主任**（按姓氏笔画排序）

王天然（院士）　杨华勇（院士）　吴　澄（院士）

陈　纯（院士）　陈　杰（院士）　郑南宁（院士）

桂卫华（院士）　钱　锋（院士）　管晓宏（院士）

**委　员**（按姓氏笔画排序）

| | | | | | |
|---|---|---|---|---|---|
| 马正先 | 王大轶 | 王天然 | 王荣明 | 王耀南 | 田彦涛 |
| 巩水利 | 乔　非 | 任春年 | 伊廷锋 | 刘　敏 | 刘延俊 |
| 刘会聪 | 刘利军 | 孙长银 | 孙优贤 | 杜宇雷 | 巫英才 |
| 李　莉 | 李　慧 | 李少远 | 李亚江 | 李嘉宁 | 杨卫民 |
| 杨华勇 | 吴　飞 | 吴　澄 | 吴伟国 | 宋　浩 | 张　平 |
| 张　晶 | 张从鹏 | 张玉茹 | 张永德 | 张进生 | 陈　为 |
| 陈　刚 | 陈　纯 | 陈　杰 | 陈万米 | 陈长军 | 陈华钧 |
| 陈兵旗 | 陈茂爱 | 陈继文 | 陈增强 | 罗　映 | 罗学科 |
| 郑南宁 | 房立金 | 赵春晖 | 胡昌华 | 胡福文 | 姜金刚 |
| 费燕琼 | 贺　威 | 桂卫华 | 柴　毅 | 钱　锋 | 徐继宁 |
| 郭彤颖 | 曹巨江 | 康　锐 | 梁桥康 | 焦志伟 | 曾宪武 |
| 谢　颖 | 谢胜利 | 蔡　登 | 管晓宏 | 魏青松 | |

国家出版基金项目
NATIONAL PUBLICATION FOUNDATION

"十三五"国家重点出版物
出版规划项目

"中国制造2025"
出版工程

# 焊接机器人技术

陈茂爱　任文建　闫建新　等编著

化学工业出版社

·北京·

本书从焊接生产应用的角度简要介绍了工业机器人基本原理，系统介绍了工业机器人本体结构组成、焊接机器人传感技术、焊接机器人系统配置及要求、焊接机器人应用操作技术、维护及维修技术以及常用机器人焊接工艺，并结合具体工程结构的焊接制造给出了焊接机器人的典型应用实例。本书力求避开深奥难懂的理论推导和说明，仅对理解机器人工作原理所必需的基础理论进行了深入浅出的介绍，重点突出实用性、新颖性和先进性。采用图表和文字融合的表达方式进行说明和阐述，便于读者理解掌握。

本书适用于从事焊接机器人系统开发及应用的工程技术人员、技术管理人员和焊接机器人操作工人等，也可供高校材料成型及控制工程专业的本科生和高职院校焊接专业的学生使用。

**图书在版编目（CIP）数据**

焊接机器人技术/陈茂爱等编著. —北京：化学工业出版社，2019.6

"中国制造2025"出版工程

ISBN 978-7-122-34078-8

Ⅰ．①焊…　Ⅱ．①陈…　Ⅲ．①焊接机器人　Ⅳ．①TP242.2

中国版本图书馆CIP数据核字（2019）第049586号

---

责任编辑：张兴辉　金林茹　　　　　　　　　　　　　装帧设计：尹琳琳
责任校对：王　静

---

出版发行：化学工业出版社（北京市东城区青年湖南街13号　邮政编码100011）
印　　装：北京建宏印刷有限公司
710mm×1000mm　1/16　印张17　字数317千字　2019年9月北京第1版第1次印刷

---

购书咨询：010-64518888　　　　　　　　　　　　　售后服务：010-64518899
网　　址：http://www.cip.com.cn

---

# 序

    制造业是国民经济的主体，是立国之本、兴国之器、强国之基。 近十年来，我国制造业持续快速发展，综合实力不断增强，国际地位得到大幅提升，已成为世界制造业规模最大的国家。 但我国仍处于工业化进程中，大而不强的问题突出，与先进国家相比还有较大差距。 为解决制造业大而不强、自主创新能力弱、关键核心技术与高端装备对外依存度高等制约我国发展的问题，国务院于 2015 年 5 月 8 日发布了"中国制造 2025"国家规划。 随后，工信部发布了"中国制造 2025"规划，提出了我国制造业"三步走"的强国发展战略及 2025 年的奋斗目标、指导方针和战略路线，制定了九大战略任务、十大重点发展领域。 2016 年 8 月 19 日，工信部、国家发展改革委、科技部、财政部四部委联合发布了"中国制造 2025"制造业创新中心、工业强基、绿色制造、智能制造和高端装备创新五大工程实施指南。

    为了响应党中央、国务院做出的建设制造强国的重大战略部署，各地政府、企业、科研部门都在进行积极的探索和部署。 加快推动新一代信息技术与制造技术融合发展，推动我国制造模式从"中国制造"向"中国智造"转变，加快实现我国制造业由大变强，正成为我们新的历史使命。 当前，信息革命进程持续快速演进，物联网、云计算、大数据、人工智能等技术广泛渗透于经济社会各个领域，信息经济繁荣程度成为国家实力的重要标志。 增材制造（3D 打印）、机器人与智能制造、控制和信息技术、人工智能等领域技术不断取得重大突破，推动传统工业体系分化变革，并将重塑制造业国际分工格局。 制造技术与互联网等信息技术融合发展，成为新一轮科技革命和产业变革的重大趋势和主要特征。 在这种中国制造业大发展、大变革背景之下，化学工业出版社主动顺应技术和产业发展趋势，组织出版《"中国制造 2025"出版工程》丛书可谓勇于引领、恰逢其时。

    《"中国制造 2025"出版工程》丛书是紧紧围绕国务院发布的实施制造强国战略的第一个十年的行动纲领——"中国制造 2025"的一套高水平、原创性强的学术专著。 丛书立足智能制造及装备、控制及信息技术两大领域，涵盖了物联网、大数据、3D 打印、机器人、智能装备、工业网络安全、知识自动化、人工智能等一系列核心技术。丛书的选题策划紧密结合"中国制造 2025"规划及 11 个配套实施指南、行动计划或专项规划，每个分册针对各个领域的一些核心技术组织内容，集中体现了国内制造业领域的技术发展成果，旨在加强先进技术的研发、推广和应用，为"中国制造 2025"行动纲领的落地生根提供了有针对性的方向引导和系统性的技术参考。

这套书集中体现以下几大特点：

首先，丛书内容都力求原创，以网络化、智能化技术为核心，汇集了许多前沿科技，反映了国内外最新的一些技术成果，尤其使国内的相关原创性科技成果得到了体现。这些图书中，包含了获得国家与省部级诸多科技奖励的许多新技术，因此，图书的出版对新技术的推广应用很有帮助！这些内容不仅为技术人员解决实际问题，也为研究提供新方向、拓展新思路。

其次，丛书各分册在介绍相应专业领域的新技术、新理论和新方法的同时，优先介绍有应用前景的新技术及其推广应用的范例，以促进优秀科研成果向产业的转化。

丛书由我国控制工程专家孙优贤院士牵头并担任编委会主任，吴澄、王天然、郑南宁等多位院士参与策划组织工作，众多长江学者、杰青、优青等中青年学者参与具体的编写工作，具有较高的学术水平与编写质量。

相信本套丛书的出版对推动"中国制造 2025"国家重要战略规划的实施具有积极的意义，可以有效促进我国智能制造技术的研发和创新，推动装备制造业的技术转型和升级，提高产品的设计能力和技术水平，从而多角度地提升中国制造业的核心竞争力。

中国工程院院士 潘垚鹤

# 前言

焊接机器人是从事焊接作业的工业机器人，是工业生产中重要的自动化设备。近年来，随着工业技术的发展，特别是传感技术的发展，焊接机器人技术越来越成熟，其成本也越来越低，在工业领域的应用范围急剧增大。目前，焊接机器人已广泛地应用于汽车制造、工程机械、电子通信、航空航天、国防军工、能源装备、轨道交通、海洋重工等多个领域，发展势头迅猛。焊接机器人技术已成为焊接领域最热门的技术之一，它融合了材料、控制、机械、计算机等交叉学科知识，焊接机器人也从单一的示教再现型向智能化方向发展。当前，劳动力的日益缺乏以及工人对劳动环境条件要求的日益提高使得焊接机器人替代人的必要性迅速提升。且随着"中国制造2025"规划的发布，国家对工业机器人国产化支持力度逐渐加大，国内机器人制造技术将会日益成熟，焊接机器人的成本还会进一步下降，未来焊接机器人必将全面代替焊接工人。在这种形势下，从事焊接的技术人员和操作工人迫切需要学习焊接机器人的相关知识和技术。

本书旨在系统性地介绍焊接机器人技术，在简要阐述机器人基本理论知识的基础上，详细介绍了工业机器人本体结构组成、机器人传感技术、焊接机器人系统配置及要求、焊接机器人应用操作技术和维护维修技术以及常用机器人焊接工艺，并结合具体工程结构的制造给出了弧焊机器人系统和点焊机器人系统的典型应用实例。本书力求避开深奥难懂的理论推导和说明，对焊接机器人所必需的基础理论知识进行了深入浅出的介绍，重点突出实用性、新颖性和先进性。本书可供从事焊接工作的技术人员和操作工人参考，也可供高校材料成型及控制工程专业的本科生和高职院校焊接专业学生学习使用。

参加本书编写的人员有陈茂爱、任文建、闫建新、姜丽岩、张振鹏、陈东升、张栋、高海光、王娟、齐勇田、高进强、杨敏、楼小飞。

由于作者水平有限，书中难免出现不当之处，恳请广大读者批评指正。

陈茂爱

# 目录

## 1 第1章 焊接机器人概述

## 31 第2章 焊接机器人本体的结构及控制

## 56 第3章 焊接机器人传感技术

## 77 第4章　焊接机器人系统

## 99 第5章　机器人焊接工艺

## 145　第6章　焊接机器人的应用操作技术

## 213　第7章　典型焊接机器人系统应用案例

## 237 第 8 章　焊接机器人的保养和维修

## 255 参考文献

## 257 索引

第1章

焊接机器人概述

# 1.1 机器人

## 1.1.1 机器人概述

（1）机器人的概念

机器人是集机械、自动控制、计算机技术、人工智能技术等多学科于一体的自动化装备。机器人（Robot）目前还没有一个统一的、精确的定义，这不仅是因为不同的科学家、不同的国家从不同的角度来定义机器人，更重要的是机器人本身也在进化和发展。Robot 一词是捷克剧作家卡雷尔·恰佩克在其科幻戏剧《Rossum's Universal Robots（罗萨姆的万能机器人）》中首先提出的。在捷克语中，Robot 的意思是"人类奴仆"，而戏剧中 Robot 是罗萨姆制造的为人类工作的类人机器。

美国机器人协会对机器人的定义是"机器人是一种可重复编程的、多功能的、用于搬运物料、零件或工具的操作机；或者是具有可改变或可编程动作的、用于执行多种任务的专门系统"。美国国家标准局的定义是"机器人是一种可编程的，并能够在程序控制下自动执行规定操作或动作的机械装置"。日本工业机器人协会给出的定义是"机器人是一种装有记忆装置和末端执行器的、能够自动移动并能通过所进行的移动来代替人类劳动的通用机器"。国际标准化组织的定义是"机器人是一种自动控制的、可重复编程（可对三个或三个以上的轴进行编程控制）的多用途操作机，在工业应用过程中它可能是位置固定的，也可能是移动的"。韦伯斯特词典中的定义是"机器人是由计算机控制的、貌似人或动物的机器；或者是由计算机控制的、能够自动执行各种任务的机器"。

外观类似于人的机器人称为类人型机器人。大部分机器人外貌并不像人或动物，而是形似于人的手臂。图 1-1 给出了类似于人手臂的机器人和类人型机器人的典型图例。无论是哪种形状的机器人，其最基本的特点是能模仿人的动作，代替人类进行重复性工作，具有感知和识别能力，甚至具有智能。机器人既可用于工农业生产，又可用于教育、家庭，甚至军事。

（2）机器人的分类

根据应用环境来分，机器人可分为工业机器人和特种机器人两大类。

工业机器人指工业中应用的具有多个关节和手臂的多自由度机器人。特种机器人指除工业机器人之外的所有其他机器人，通常用于危险环境或服务业，如水下机器人、爆破机器人、搜救机器人、军用机器人、农业机器人、教育机器人、家务机器人等。

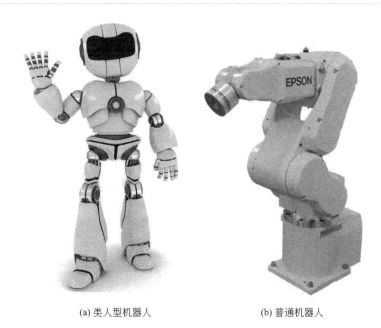

(a) 类人型机器人　　　　　　　　　(b) 普通机器人

图 1-1　机器人的典型图例

## 1.1.2　工业机器人

工业机器人仅指面向工业领域的机器人，自 20 世纪 60 年代在美国问世以来，已在汽车及其零部件、工程机械、电子电器、橡胶及塑料、食品、金属加工等制造业中获得了广泛应用。基于工业机器人的自动化生产线已经成为日本等发达国家的主流自动化装备，也逐渐成为我国自动化装备的发展方向和主流。工业机器人主要用于焊接、搬运、刷漆、组装等工作。

（1）工业机器人的构成

工业机器人通常由机器人本体、驱动系统、传感系统和控制系统四个基本部分组成。

1）机器人本体　机器人本体通常由机座、臂部、腕部和手部（末端执行器）等构成，如图 1-2 所示。机器人本体又称机械手，若没有其他部分，它本身并不能称为机器人。它的任务是精确地保证末端执行器所要求的位置、姿态和运动轨迹。根据运动合成类型的不同，机器人机械本体有直角坐标型、极坐标型、圆柱坐标型、关节型等多种，其中关节型居多。关节型机器人的机座、臂部、腕部和手部通过关节连接起来，关节处安装直流伺服电动机，驱动关节转动。工作时通过各个关节的运动合成末端执行器的位置和姿态。机械本体一般有 3～6 个自由度，其中手腕部有 1～3 个，用来合成末端执行器姿态。

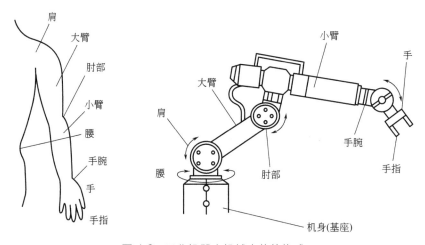

图 1-2   工业机器人机械本体的构成

2）驱动系统   通常由动力装置和传动机构组成，用来驱动执行机构执行并完成相应的动作。常用的动力装置有电动、液动和气动三种类型。无论是用伺服电动机还是用液压缸或用气缸作为动力装置，一般都要求通过传动机构与执行机构相连。传动机构类型有齿轮传动、谐波齿轮传动、链传动、螺旋传动和带传动等。

3）传感系统   是机器人的感知系统，由内部传感器和外部传感器两大部分组成。内部传感器的作用是检测机器人本身的状态（如位置、速度等）并提供给控制系统。而外部传感器则用来监测机器人所处的工作环境。常用的传感器有视觉传感器、接近传感器和力传感器等。

4）控制系统   是机器人的指挥中心，由中央处理控制单元、记忆单元、伺服控制单元、传感控制单元等组成。它负责接收操作人员的作业指令和内外环境信息的采集，并能根据预定策略进行判断和决策，向各个运动执行机构输出相应的控制信号。各个运动执行机构在其控制下执行规定的运动，完成特定的作业。

（2）工业机器人的分类

工业机器人的分类方法有多种，可按照驱动方式、运动轨迹控制方式、控制方法、坐标系类型和智能程度等进行分类。

1）按照驱动方式　按照驱动方式，工业机器人可分为电驱动、液压驱动和气压驱动三大类。

① 电驱动机器人　利用伺服电动机或步进电动机进行驱动，这类机器人应用最多，焊接机器人大部分为电驱动机器人。

② 液压驱动机器人　利用伺服控制的液压缸进行驱动，某些重型机器人如搬运、点焊机器人等采用液压驱动方式。

③ 气压驱动机器人　利用空气压缩机和气缸进行驱动，其控制精度较低，在工业中应用较少。

2）按照运动轨迹控制方式　按照运动轨迹控制方式，工业机器人可分为点位控制（PTP）、连续轨迹控制（CP）、可控轨迹机器人三种。

① 点位控制（PTP）机器人　仅对末端执行器在一次运动过程中的始点和终点进行编程控制，而其移动具体路径通常为最直接、最经济的路径。这种机器人结构简单，价格便宜。点焊、搬运机器人通常为PTP型机器人。

② 连续轨迹控制（CP）机器人　又称为可控轨迹机器人，这类机器人可控制末端执行器在一次运动过程中通过某一轨迹上特定数量的点并作一定时间的停留，并对这些点之间的移动轨迹做平滑处理，使得末端操作器能够沿着规定的路径平稳地行走。要经过的这些点需要事先编程确定。

③ 可控轨迹机器人　又称计算轨迹机器人，这类机器人可根据任务要求精确地计算出满足要求的运动轨迹，而且运动精度很高，使用时只需设定起点和终点坐标，机器人控制系统自己计算出最佳轨迹。

弧焊机器人通常为连续轨迹控制（CP）机器人，电阻点焊机器人通常为点位控制机器人。

3）按照控制方法　按照控制方法分类，工业机器人可分为程控型机器人、示教型机器人、数控型机器人、自适应控制型机器人和智能控制机器人等。

① 程控型机器人　又称顺序控制机器人，这种机器人根据预先设置的程序完成一系列特定的动作，动作顺序通常采用逻辑控制装置、可编程控制器或单片机发送指令并进行逻辑控制，利用限位开关、凸轮、挡

块、矩阵插销板、步进选线器、顺序转鼓等机械装置来设置工作顺序、位置等，实现位置控制。这种机器人结构简单，成本低廉，适合于大批量生产中的简单、重复作业。

② 示教型机器人 又称再现型机器人，这种机器人通过人工示教过程对工作任务进行编程。人工示教过程就是利用示教盒控制末端执行器沿着预定路径行走，并在若干关键节点上设置加工工艺参数，模拟完成指定的任务；存储器将位置传感器发送的信息记录下来并保存为程序。机器人在工作过程中通过执行该程序再现示教的路径和工艺参数。

③ 数控型机器人 又称可控轨迹机器人，这种机器人也要进行示教，但示教过程不是手动示教，而是通过编程来确定关键点之间的运动轨迹，操作人员仅需指定这些关键点以及各点之间的曲线类型。

④ 自适应控制型机器人 能够自动感知周围工作条件的变化，并做出调整以适应这种变化，更好地完成工作任务。

⑤ 智能控制机器人 不仅能够感知周围条件的变化并做出调整，而且能够在信息不充分的情况下和环境迅速变化的条件下进行深入分析，更好地完成工作任务。这种机器人更接近于人，但要它和我们人类思维一模一样还是很难的。

4）按照坐标系类型 按照机械手的坐标特性，工业机器人可分为直角坐标机器人、球面坐标机器人、圆柱坐标机器人、关节型机器人等，如图1-3所示。

直角坐标型机器人也称机床型机器人，其手部可沿直角坐标三个坐标轴方向平移，如图1-3(a)所示。球坐标型机器人的手部能回转、俯仰和伸缩运动，如图1-3(b)所示。圆柱坐标型机器人的手部可作升降、回转和伸缩动作，如图1-3(c)所示。多关节型机器人的臂部有多个转动关节，如图1-3(d)所示。

5）按照机器人的智能程度 按照机器人的智能程度，工业机器人可分为示教再现型机器人和智能机器人。

① 示教再现型机器人 通常称为示教机器人，属于第一代机器人。这类机器人需要操作者用示教盒引导机器人末端执行器沿着预定运动轨迹行走，对一些关键节点、姿态、运动速度、作业顺序等进行编程并存储在机器人存储器中，即进行所谓的示教。将示教的过程通过程序存储在控制器的存储单元中。工作过程中，机器人执行存储的程序，以很高的精度不断重复再现所示教的内容。

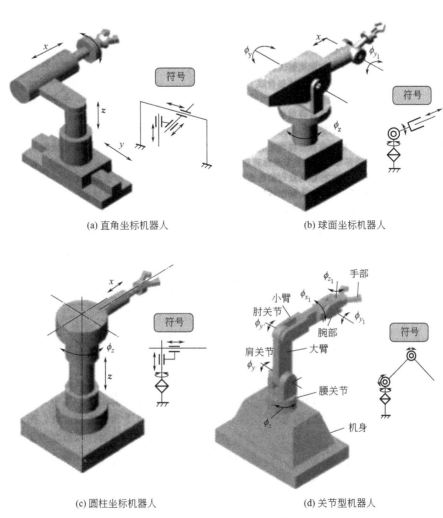

(a) 直角坐标机器人　　　　　　　　　　(b) 球面坐标机器人

(c) 圆柱坐标机器人　　　　　　　　　　(d) 关节型机器人

图 1-3　工业机器人按照坐标特性分类

　　② 智能机器人　又可分为传感型机器人和自主型机器人等。传感型机器人装有外部传感器，能够感知外部环境的变化，并根据这种变化进行适当的修正，以更好地完成预定的任务。自主型机器人具有一定的决策能力，能够对感知的复杂信息进行分析，并基于分析的结果对任务进行规划或决策。

　　除以上分类方法外，工业机器人还可按照应用领域进行分类，例如工业机器人分为焊接机器人、搬运机器人、装配机器人等。

（3）工业机器人的有关技术术语

1）关节　关节是机器人本体的两个或多个刚性杆件（机器人的手臂）的连接部位，各个杆件之间的相对运动是通过关节实现的。根据运动形式不同，关节有移动关节、旋转关节两类。移动关节是实现杆件直线运动的关节；而旋转关节是实现杆件旋转运动的关节。有些关节既可实现直线运动又可实现旋转运动，机器人运动学上通常把这类关节看作是两个独立的关节。

2）杆件　杆件指机器人手臂上两个关节之间的刚性件，又称连杆。它相当于人类的小手臂和大手臂。

3）轴数　又称关节数，指机器人具有的独立运动轴或关节的数量。大部分弧焊机器人有6个轴，而电阻点焊机器人有5个或6个轴。

4）自由度　反映机器人灵活性的重要指标。自由度一般和轴数相同，通常为3~6个。弧焊和切割机器人至少需要6个自由度，点焊机器人需要5个自由度。

5）工作空间　指工业机器人执行任务时，其腕轴交点能活动的范围。通常用最大垂直运动范围和最大水平运动范围来表征。最大垂直运动范围是指机器人腕部能够到达的最低点（通常低于机器人的基座）与最高点之间的范围。最大水平运动范围是指机器人腕部能水平到达的最远点与机器人基座中心线的距离。

6）额定负载　工业机器人在一定的操作条件下，其机械接口处能承受的最大负载（包括末端操作器），用质量或力矩表示。

7）定位精度　定位精度用于表征机器人末端操作器或其机械接口达到指定位姿的能力。通常指机器人末端操作器在某一指令下达到的实际位姿和指令规定的理想目标位姿之间的误差。目前定位精度可达0.01mm。

8）分辨率　分辨率是指机器人手臂运动的最小步距。

9）重复精度　重复精度是指工业机器人在同一条件下，重复执行 $n$ 次同一操作命令所测得的位姿或轨迹的一致程度。分为重复位姿精度和重复轨迹精度两种。定位精度和重复精度是两个完全不同的概念。对于大部分工业机器人来说，运动的实际位姿或轨迹与指令设定的理想位姿或轨迹之间的误差有可能较大，即定位精度可能较大，但连续几次运动的位置或轨迹重复误差通常很小。实际生产中，只要重复精度足够高就能满足要求。定位精度受重力变形的影响较大，而重复精度则不受重力变形的影响，因为重力变形引起的误差是重复出现的。

10）最大工作速度　最大工作速度是指机器人主要关节的最大速度。

11）最大工作加速度　最大工作加速度是指机器人主要关节的最大加速度。

12）工作周期　工作周期又称为工作循环时间，指完成一项任务或操作所用的时间。这是一个非常重要的指标，工作周期越短，其工作效率越高，竞争力越强。提高工作效率的方法是增大驱动功率、降低关节和杆件的质量以及采用更有效的控制方法。尽量采用力矩大、力矩特性好、质量小、惯性小的驱动电动机。降低关节和杆件质量的同时，应保证其强度和刚度，即杆件和关节要求具有大的比强度和比刚度，为此杆件通常采用锥形的。先进的机器人还采用纤维增强复合材料来有效提高比强度和比刚度。所采用的控制方法应具有较快的运算速度和成熟的轨迹计算方法，以节省轨迹和任务规划时间。目前机器人的工作周期已经能够做得很短，比如 ABB 公司的一款小型机器人"IRBI20"的每千克物料拾取节拍仅为 0.58s。

13）运动控制方式　有点位控制型和连续轨迹型两种。

14）驱动类型　驱动类型主要有电动型、液压驱动型和气压驱动型。

15）柔度　柔度是指机器人在外力或力矩作用下，某一轴因变形而造成的角度或位置变化。

16）使用寿命、可靠性和维护性　目前工业机器人的平均使用寿命一般为 10 年以上，好的可达到 15 年。由于机器人的设计尽量采用较少的、易于更换的零件，这样只需储备少量的备件就可以进行零件更换，平均维修时间不超过 8h。

（4）机器人运动精度的影响因素

定位精度和重复精度是机器人重要的性能指标，对机器人工作质量及机器人制造的产品质量具有很大的影响。定位精度和重复精度不仅取决于机器人本身的设计及制造质量，还受使用条件和环境的影响，因此了解机器人运动精度的影响因素是非常重要的。

影响机器人定位精度和重复精度的因素主要有：

① 机器人机械结构设计及制造质量、控制方法和控制系统误差。机器人设计时，应根据运动精度影响因素严格控制各个部件的允许误差和公差配合，并根据工作要求选择合适的材料，制造时应严格保证设计的尺寸和性能要求。

② 机器人工作过程中作用在机器人机械接口处的重力（即机器人的负载）以及机器人负载引起的手臂垂直变形。重力主要影响机器人的定位精度。通常情况下，如果机器人负载不超过规定值，重力对定位精度影响较小。但如果超过规定负载，则定位精度会明显下降，机器人负载

越大或臂长越长，定位精度下降越严重。在负载不变的情况下，机器人负载对重复精度的影响很小，因为只要机器人的负载相同，手臂的变形量也相同，即使这个变形量很大（即定位精度较差），由于该变形量是重复出现的，机器人的重复精度也是比较高的。

③ 使用过程中导致的传动齿轮的松动和传动皮带的松弛。这类变形会导致传动误差，即速比误差，从而引起位置误差。齿轮在相互啮合过程中不可避免地会存在间隙，这种间隙与齿轮的加工精度和公差配合有关，也与服役时间有关。加工精度差或服役时间长均会导致间隙增大，位置误差增大。通常齿轮间隙应控制在 0.1mm 以下。

④ 惯性力引起的径向变形以及尺寸较长的转动元件发生的扭曲变形。机器人手臂杆件绕其轴线做旋转运动时，在杆件径向会产生惯性力，进而引起径向变形和其他杆件的弯曲变形。大部分情况下，由于机器人手臂运动速度较小，这些变形可忽略不计。但在高速运动时，其影响则较大。

此外，热效应引起的机器人手臂连杆膨胀或收缩、轴承游隙、控制方法或控制系统的误差也会带来运动误差。

## 1.1.3　焊接机器人

### （1）焊接机器人的构成

用于进行焊接作业的机器人称为焊接机器人。焊接机器人由机器人本体、控制柜和示教器构成，焊接机器人需要与相应的焊接设备（包括焊接电源、焊枪、送丝机构和保护气输送系统等）、焊接工装夹具、焊接传感器及系统安全保护设施等配合起来才能完成焊接工作。

焊接机器人基本上为关节机器人，一般有 5 个或 6 个自由度（轴），如图 1-4 所示。电阻点焊机器人通常采用 5 自由度机器人，电弧焊通常采用 6 自由度机器人。腰关节、肩关节及肘关节三个自由度用于将焊枪送到期望的空间位置，而腕关节的 2 个或 3 个自由度用于确定焊枪的姿态。

与其他工业机器人相比，焊接机器人工作环境比较恶劣，工作过程中有弧光、飞溅、烟尘、高频干扰和高温等，而且工件装配误差的不确定性和焊接过程中的热变形也增加了机器人工作环境的复杂性。这些都对焊接机器人的传感系统提出了更高的要求。

### （2）焊接机器人的分类

焊接机器人除了可按照工业机器人的分类方法进行分类外，还可按照焊接方法进行分类。根据焊接方法的不同，焊接机器人可分为弧焊机器人、电阻点焊机器人、搅拌摩擦焊机器人和激光焊机器人等。

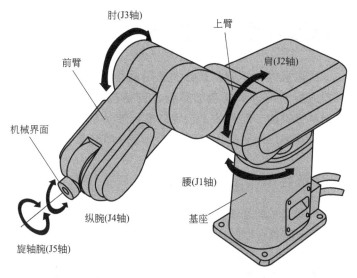

(a) 5自由度机器人

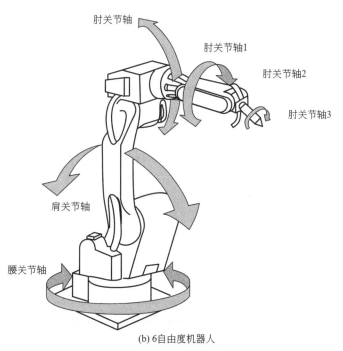

(b) 6自由度机器人

图1-4　焊接机器人的自由度

# 1.2 机器人运动学基础

所谓机器人学就是设计和应用机器人系统所涉及的理论知识和技术。机器人系统是一个复杂的系统，包括机器人本体、驱动机构、控制器、末端执行机构、配套的工艺装备等，涉及数学、机械、电气、自动控制、计算机等多门学科，因此机器人学是一门交叉学科。

## 1.2.1 位置与姿态描述方法

机器人系统是通过末端执行器的复杂空间运动来执行并完成工作任务的，而末端执行器的运动是由机器人各个关节的运动合成的。有时，末端执行器还要与配套的其他机加工装置或装配装置协调运动。因此机器人运动学不仅要描述机械手单一刚体的位置、位移、速度和加速度，而且还要设计机械手各个刚体之间、机械手与周围其他刚体之间的运动关系。在机器人运动学中，为了便于对各个关节和杆件的位置和运动进行描述和控制，各个杆件上均需要设置一特定的坐标系。每个杆件上的各个质点的位置首先用杆件坐标系中的矢量描述。而各个杆件以及杆件与其他刚体之间的关系通过坐标变换来完成，常用的坐标变换为齐次变换。

机器人可用的坐标系有直角坐标系、圆柱坐标系和球面坐标系。工业机器人常用直角坐标系，下面将以直角坐标系为例来介绍位姿的描述方法。

（1）点位置描述

通常用三个相互垂直的单位矢量表示一个直角坐标系。建立了直角坐标系 $\{A\}$ 后，空间中任何一个点的位置可用 $3 \times 1$ 位置矢量 $^{A}\boldsymbol{p}$ 来表示，如图 1-5 所示。

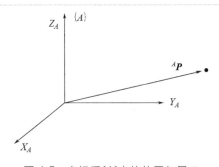

图 1-5 坐标系{A}中的位置矢量 $\boldsymbol{P}$

$$^A\boldsymbol{p} = \begin{bmatrix} p_x \\ p_y \\ p_z \end{bmatrix} \tag{1-1}$$

右上标 $A$ 表示矢量 $\boldsymbol{p}$ 是坐标系 $\{A\}$ 中的矢量，$p_x$、$p_y$ 和 $p_z$ 为矢量 $\boldsymbol{p}$ 在 $\{A\}$ 坐标系三个坐标轴上的分量。

（2）姿态描述

为了确定机器人手臂某一杆件、末端执行器或加工部件等刚体的状态，仅描述一个点的位置是不够的，还要确定其方位，即姿态。例如，在图 1-6 中，末端执行器左下指端的位置可用 $3 \times 1$ 位置矢量$^A\boldsymbol{p}$ 来表征，但末端执行器的方位不同，其上的其他各点的位置是不同的，即末端执行器所处的状态是不同的。为了完全确定其状态，需要设立一个与刚体杆件刚性连接的已知坐标系 $\{B\}$，如图 1-6 所示。坐标系 $\{B\}$ 的原点通常设置在刚体（此处为末端操作器）的某个特征点，例如质心、对称

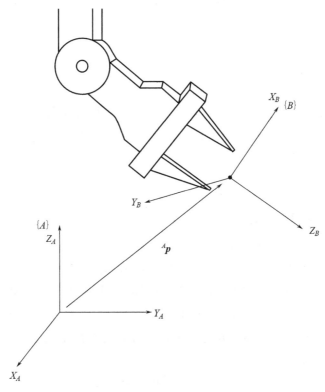

图 1-6 刚体位置和姿态的确定

中心或某一端点。$i_B$、$j_B$ 和 $k_B$ 为坐标系 $\{B\}$ 的三个坐标轴上的单位矢量，$i_A$、$j_A$ 和 $k_A$ 为坐标系 $\{A\}$ 的三个坐标轴上的单位矢量。相对于坐标系 $\{A\}$，坐标系 $\{B\}$ 三个坐标轴的单位矢量记作 $^A i_B$、$^A j_B$ 和 $^A k_B$。将这三个单位矢量用 $3 \times 3$ 矩阵来表示，并记作：

$$_B^A \boldsymbol{R} = \begin{bmatrix} ^A i_B & ^A j_B & ^A k_B \end{bmatrix} = \begin{bmatrix} r_{11} & r_{12} & r_{13} \\ r_{21} & r_{22} & r_{23} \\ r_{31} & r_{32} & r_{33} \end{bmatrix} \tag{1-2}$$

$_B^A \boldsymbol{R}$ 称为旋转矩阵，左上标 $A$ 表示相对于 $\{A\}$ 坐标系，左下标表示被描述的是 $\{B\}$ 坐标系。式中 $r_{ij}$ 可用上面两个坐标系的主单位矢量计算，因此有

$$_B^A \boldsymbol{R} = \begin{bmatrix} ^A i_B & ^A j_B & ^A k_B \end{bmatrix} = \begin{bmatrix} i_B \cdot i_A & j_B \cdot i_A & k_B \cdot i_A \\ i_B \cdot j_A & j_B \cdot j_A & k_B \cdot j_A \\ i_B \cdot k_A & j_B \cdot k_A & k_B \cdot k_A \end{bmatrix} \tag{1-3}$$

两个单位矢量的点积等于两个矢量夹角的余弦，因此上面矩阵中的各元素又称为方向余弦。这个矩阵唯一地表示了末端执行器的姿态。

（3）位姿描述

确定了刚体的位置和姿态，其状态就完全确定了。在机器人学中，通常选择刚体的某一特征点，确定该特征点在坐标系 $\{A\}$ 中的位置，以该特征点为原点建立坐标系 $\{B\}$。用该特征点的位置矢量 $^A \boldsymbol{p}_B$ 和旋转矩阵 $_B^A \boldsymbol{R}$ 分别描述刚体的位置和位姿，则其位姿用 $^A \boldsymbol{p}_{BO}$ 和 $_B^A \boldsymbol{R}$ 组成的坐标系来描述。

$$\{B\} = \begin{bmatrix} ^A \boldsymbol{p}_{BO} & _B^A \boldsymbol{R} \end{bmatrix} \tag{1-4}$$

## 1.2.2 坐标变换

（1）坐标平移

如果坐标系 $\{B\}$ 与 $\{A\}$ 具有相同位向，仅仅是坐标原点不同，如图 1-7 所示，则可用位移矢量 $^A \boldsymbol{p}_{BO}$ 来描述 $\{B\}$ 相对于 $\{A\}$ 的位置，$^A \boldsymbol{p}_{BO}$ 称为 $\{B\}$ 相对于 $\{A\}$ 的平移矢量。对于在坐标系 $\{B\}$ 中已知的任意一点 $p$，其位置矢量为 $^B \boldsymbol{p}$，可利用下式计算其在 $\{A\}$ 中的位置矢量：

$$^A \boldsymbol{p} = {}^B \boldsymbol{p} + {}^A \boldsymbol{p}_{BO} \tag{1-5}$$

该式称为坐标平移方程。

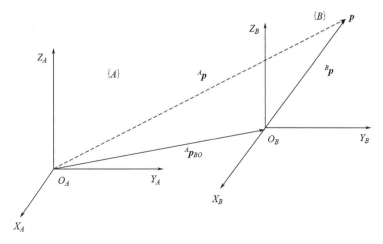

图 1-7 平移坐标变换

（2）旋转坐标变换

如果坐标系 {B} 与 {A} 具有相同的坐标原点，仅仅是方位不同，如图 1-8 所示，则可用旋转矩阵 $_B^A\boldsymbol{R}$ 来描述 {B} 相对于 {A} 的方位。对于在坐标系 {B} 中已知的任意一点 $p$，其位置矢量为 $^B\boldsymbol{p}$，可利用下式计算其在 {A} 的位置矢量：

$$^A\boldsymbol{p} = {}_B^A\boldsymbol{R}^B\boldsymbol{p} \tag{1-6}$$

该式称为坐标旋转方程。

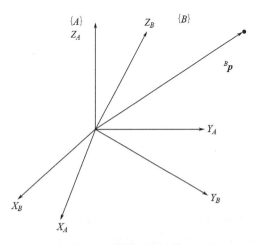

图 1-8 旋转坐标变换

（3）一般坐标系变换

最常遇到的情况是坐标系 $\{B\}$ 与 $\{A\}$ 的位向和原点均不相同，如图 1-9 所示。这种情况下，需要进行复合变换。$\{B\}$ 坐标系原点相对于 $\{A\}$ 的位置用位置矢量 $^A\boldsymbol{p}_{BO}$ 来描述，$\{B\}$ 坐标系相对于 $\{A\}$ 的方位用旋转矩阵 $^A_B\boldsymbol{R}$ 来描述。通过引入一中间坐标系可将坐标系 $\{B\}$ 中任意已知点 $p$ 的位置矢量 $^B\boldsymbol{p}$ 变换为相对于 $\{A\}$ 的位置矢量。设定一个坐标系 $\{C\}$，其原点与 $\{B\}$ 相同，其方位与 $\{A\}$ 相同。通过坐标旋转方程将 $^B\boldsymbol{p}$ 变换到 $\{C\}$，然后再通过平移变换方程从 $\{C\}$ 变换到 $\{A\}$，可得：

$$^A\boldsymbol{p} = {}^A_B\boldsymbol{R}{}^B\boldsymbol{p} + {}^A\boldsymbol{p}_{BO} \tag{1-7}$$

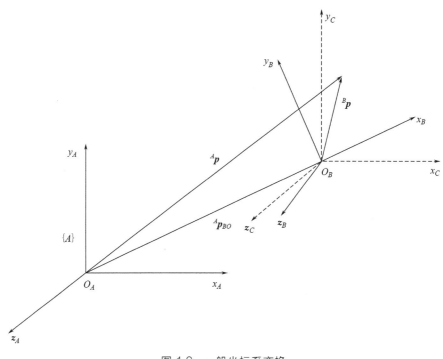

图 1-9　一般坐标系变换

（4）齐次坐标

机器人运动学中，分析各个刚性杆件之间的运动关系的方法有多种，齐次变换是最常用的一种，其特点是直观、方便、计算速度快。利用齐次变换将一个矢量从一个坐标系变换到另一个坐标系时，可同时完成平移和旋转操作。要进行齐次变换，必须将矢量用齐次坐标系描述。

所谓齐次坐标就是将 $n$ 维直角坐标系的 $n$ 维向量用 $n+1$ 维向量来表示。对于空间向量 $\boldsymbol{p}$

$$\boldsymbol{p}=\begin{bmatrix}p_x\\p_y\\p_z\end{bmatrix} \tag{1-8}$$

引入一个比例因子 $w$，将 $\boldsymbol{p}$ 写为

$$\boldsymbol{p}=\begin{bmatrix}x\\y\\z\\w\end{bmatrix} \tag{1-9}$$

式中，$x=wp_x$；$y=wp_y$；$z=wp_z$。

这种表示方法称为齐次坐标。$w$ 作为第四个元素，可任意变化，向量大小也会发生变化。当 $w=1$ 时，向量大小不变；当 $w=0$ 时，向量无穷大；当 $w>1$ 时，向量被放大；当 $w<1$ 时，向量被缩小。这里，向量的长度并不重要，重要的是向量方向。

（5）齐次变换

1）坐标平移齐次变换 如图 1-7 所示，坐标系 $\{B\}$ 与 $\{A\}$ 具有相同位向，仅是坐标原点不同，用位移矢量 $^A\boldsymbol{p}_{BO}$ 来描述 $\{B\}$ 相对于 $\{A\}$ 的位置，$^A\boldsymbol{p}_{BO}$ 称为 $\{B\}$ 相对于 $\{A\}$ 的平移矢量。对于在坐标系 $\{B\}$ 中已知的任意一点 $p$，其位置矢量为 $^B\boldsymbol{p}=\begin{bmatrix}x&y&z&w\end{bmatrix}^T$，已知 $^A\boldsymbol{p}_{BO}=a\boldsymbol{i}+b\boldsymbol{j}+c\boldsymbol{k}$，$^B\boldsymbol{p}$ 在 $\{A\}$ 的位置矢量利用下式计算：

$$^A\boldsymbol{p}={}^B\boldsymbol{p}+{}^A\boldsymbol{p}_{BO}=w\begin{bmatrix}a+\dfrac{x}{w}\\b+\dfrac{y}{w}\\c+\dfrac{z}{w}\\1\end{bmatrix}=\begin{bmatrix}x+aw\\y+bw\\z+cw\\w\end{bmatrix}=\begin{bmatrix}1&0&0&a\\0&1&0&b\\0&0&1&c\\0&0&0&1\end{bmatrix}\begin{bmatrix}x\\y\\z\\w\end{bmatrix}$$

$$=\begin{bmatrix}1&0&0&a\\0&1&0&b\\0&0&1&c\\0&0&0&1\end{bmatrix}{}^B\boldsymbol{p} \tag{1-10}$$

也就是说通过 $\begin{bmatrix} 1 & 0 & 0 & a \\ 0 & 1 & 0 & b \\ 0 & 0 & 1 & c \\ 0 & 0 & 0 & 1 \end{bmatrix}$ 可将 {B} 中已知的任意一矢量转换为

{A} 中的矢量，因此称该矩阵为齐次平移变换矩阵，记作：

$$H = \text{Trans}(a, b, c) = \begin{bmatrix} 1 & 0 & 0 & a \\ 0 & 1 & 0 & b \\ 0 & 0 & 1 & c \\ 0 & 0 & 0 & 1 \end{bmatrix} \tag{1-11}$$

2）旋转齐次变换　如图 1-8 所示，对于在坐标系 {B} 中已知的任意一点 $p$，其位置矢量为 ${}^B\boldsymbol{p} = [x_B, \ y_B, \ z_B, \ 1]^T$，在坐标系 {A} 中的矢量表示为 ${}^A\boldsymbol{p} = [x_A, \ y_A, \ z_A, \ 1]^T$。${}^B\boldsymbol{p}$ 在坐标系 {A} 三个轴向上的投影可用向量的点积公式计算：

$$x_A = \boldsymbol{i}_A \cdot {}^B\boldsymbol{p} = \boldsymbol{i}_A \cdot \boldsymbol{i}_B x_B + \boldsymbol{i}_A \cdot \boldsymbol{j}_B y_B + \boldsymbol{i}_A \cdot \boldsymbol{k}_B z_B \tag{1-12}$$

$$y_A = \boldsymbol{j}_A \cdot {}^B\boldsymbol{p} = \boldsymbol{j}_A \cdot \boldsymbol{i}_B x_B + \boldsymbol{j}_A \cdot \boldsymbol{j}_B y_B + \boldsymbol{j}_A \cdot \boldsymbol{k}_B z_B \tag{1-13}$$

$$z_A = \boldsymbol{k}_A \cdot {}^B\boldsymbol{p} = \boldsymbol{k}_A \cdot \boldsymbol{i}_B x_B + \boldsymbol{k}_A \cdot \boldsymbol{j}_B y_B + \boldsymbol{k}_A \cdot \boldsymbol{k}_B z_B \tag{1-14}$$

式中，$\boldsymbol{i}_B$、$\boldsymbol{j}_B$ 和 $\boldsymbol{k}_B$ 为坐标系 {B} 的三个坐标轴上的单位矢量；$\boldsymbol{i}_A$、$\boldsymbol{j}_A$ 和 $\boldsymbol{k}_A$ 为坐标系 {A} 的三个坐标轴上的单位矢量。

用矩阵形式表示：

$$
{}^A\boldsymbol{p} = \begin{bmatrix} x_A \\ y_A \\ z_A \\ 1 \end{bmatrix} = \begin{bmatrix} \boldsymbol{i}_A \cdot \boldsymbol{i}_B x_B + \boldsymbol{i}_A \cdot \boldsymbol{j}_B y_B + \boldsymbol{i}_A \cdot \boldsymbol{k}_B z_B \\ \boldsymbol{j}_A \cdot \boldsymbol{i}_B x_B + \boldsymbol{j}_A \cdot \boldsymbol{j}_B y_B + \boldsymbol{j}_A \cdot \boldsymbol{k}_B z_B \\ \boldsymbol{k}_A \cdot \boldsymbol{i}_B x_B + \boldsymbol{k}_A \cdot \boldsymbol{j}_B y_B + \boldsymbol{k}_A \cdot \boldsymbol{k}_B z_B \\ 1 \end{bmatrix}
$$

$$
= \begin{bmatrix} \boldsymbol{i}_B \cdot \boldsymbol{i}_A & \boldsymbol{j}_B \cdot \boldsymbol{i}_A & \boldsymbol{k}_B \cdot \boldsymbol{i}_A & 0 \\ \boldsymbol{i}_B \cdot \boldsymbol{j}_A & \boldsymbol{j}_B \cdot \boldsymbol{j}_A & \boldsymbol{k}_B \cdot \boldsymbol{j}_A & 0 \\ \boldsymbol{i}_B \cdot \boldsymbol{k}_A & \boldsymbol{j}_B \cdot \boldsymbol{k}_A & \boldsymbol{k}_B \cdot \boldsymbol{k}_A & 0 \\ 0 & 0 & 0 & 1 \end{bmatrix} \begin{bmatrix} x_B \\ y_B \\ z_B \\ 1 \end{bmatrix}
$$

$$
= \begin{bmatrix} \boldsymbol{i}_B \cdot \boldsymbol{i}_A & \boldsymbol{j}_B \cdot \boldsymbol{i}_A & \boldsymbol{k}_B \cdot \boldsymbol{i}_A & 0 \\ \boldsymbol{i}_B \cdot \boldsymbol{j}_A & \boldsymbol{j}_B \cdot \boldsymbol{j}_A & \boldsymbol{k}_B \cdot \boldsymbol{j}_A & 0 \\ \boldsymbol{i}_B \cdot \boldsymbol{k}_A & \boldsymbol{j}_B \cdot \boldsymbol{k}_A & \boldsymbol{k}_B \cdot \boldsymbol{k}_A & 0 \\ 0 & 0 & 0 & 1 \end{bmatrix} {}^B\boldsymbol{p} \tag{1-15}
$$

因此旋转变换矩阵可表示为：

$$\boldsymbol{R}_B^A = \begin{bmatrix} i_B \cdot i_A & j_B \cdot i_A & k_B \cdot i_A & 0 \\ i_B \cdot j_A & j_B \cdot j_A & k_B \cdot j_{A^*} & 0 \\ i_B \cdot k_A & j_B \cdot k_A & k_B \cdot k_A & 0 \\ 0 & 0 & 0 & 1 \end{bmatrix} \tag{1-16}$$

$\boldsymbol{R}_B^A$ 中第一列元素为坐标系 $\{B\}$ 的 $X$ 轴单位矢量在坐标系 $\{A\}$ 三个轴向上的投影分量,第二和第三列分别为坐标系 $\{B\}$ 的 $Y$ 轴和 $Z$ 轴单位矢量在坐标系 $\{A\}$ 三个轴向上的投影分量。这三列分别表示坐标系 $\{B\}$ 三个轴在坐标系 $\{A\}$ 中的方向。

坐标系 $\{B\}$ 绕坐标系 $\{A\}$ 的单个轴的转动被称为基本转动,这种转动的变换矩阵称为基本转动矩阵。如果转动角度为 $\alpha$,则三个基本转动矩阵可表示为:

$$\text{Rot}(x,\alpha) = \begin{bmatrix} 1 & 0 & 0 & 0 \\ 0 & \cos\alpha & -\sin\alpha & 0 \\ 0 & \sin\alpha & \cos\alpha & 0 \\ 0 & 0 & 0 & 1 \end{bmatrix} \tag{1-17}$$

$$\text{Rot}(y,\alpha) = \begin{bmatrix} \cos\alpha & 0 & \sin\alpha & 0 \\ 0 & 1 & 0 & 0 \\ -\sin\alpha & 0 & \cos\alpha & 0 \\ 0 & 0 & 0 & 1 \end{bmatrix} \tag{1-18}$$

$$\text{Rot}(z,\alpha) = \begin{bmatrix} \cos\alpha & -\sin\alpha & 0 & 0 \\ \sin\alpha & \cos\alpha & 0 & 0 \\ 0 & 0 & 1 & 0 \\ 0 & 0 & 0 & 1 \end{bmatrix} \tag{1-19}$$

3) 复合齐次变换 机器人操作过程中,某一刚性杆件在参考坐标系中的运动通常是由平移和旋转等基本运动构成的复杂运动。运动前后的位置可通过复合齐次变换来描述。与刚性杆件相连的坐标系是运动坐标系,通常用某一固定坐标系作为参考坐标系。

复合齐次变换是基本齐次变换矩阵的乘积,计算时要注意基本矩阵的位置要按照变换的顺序来排列,先进行的变换其基本变换矩阵排在右边,即从运动坐标系向参考坐标系进行复合变换是按照从右向左的顺序依次变换的。顺序不得颠倒,这是因为矩阵乘法不满足交换律。

例如:参考坐标系 $\{A\}$ 为 $OXYZ$,运动坐标系 $\{B\}$ 通过如下操作得到:先绕 $X$ 轴旋转 $\alpha$,然后绕 $Y$ 轴旋转 $\varphi$,最后相对于参考坐标系原

点移动位置向量 $[a，b，c]^T$，求复合齐次变换矩阵 $_B^A\boldsymbol{T}$。

求解如下：

第一个基本变换矩阵为

$$\boldsymbol{T}_1 = \mathrm{Rot}(x，\alpha) = \begin{bmatrix} 1 & 0 & 0 & 0 \\ 0 & \cos\alpha & -\sin\alpha & 0 \\ 0 & \sin\alpha & \cos\alpha & 0 \\ 0 & 0 & 0 & 1 \end{bmatrix} \tag{1-20}$$

第二个基本变换矩阵为

$$\boldsymbol{T}_2 = \mathrm{Rot}(y，\varphi) = \begin{bmatrix} \cos\varphi & 0 & \sin\varphi & 0 \\ 0 & 1 & 0 & 0 \\ -\sin\varphi & 0 & \cos\varphi & 0 \\ 0 & 0 & 0 & 1 \end{bmatrix} \tag{1-21}$$

第三个基本变换矩阵为

$$\boldsymbol{T}_3 = \mathrm{Trans}(a，b，c) = \begin{bmatrix} 1 & 0 & 0 & a \\ 0 & 1 & 0 & b \\ 0 & 0 & 1 & c \\ 0 & 0 & 0 & 1 \end{bmatrix} \tag{1-22}$$

$$_B^A\boldsymbol{T} = \boldsymbol{T}_3\boldsymbol{T}_2\boldsymbol{T}_1 = \begin{bmatrix} 1 & 0 & 0 & a \\ 0 & 1 & 0 & b \\ 0 & 0 & 1 & c \\ 0 & 0 & 0 & 1 \end{bmatrix} \begin{bmatrix} \cos\varphi & 0 & \sin\varphi & 0 \\ 0 & 1 & 0 & 0 \\ -\sin\varphi & 0 & \cos\varphi & 0 \\ 0 & 0 & 0 & 1 \end{bmatrix} \begin{bmatrix} 1 & 0 & 0 & 0 \\ 0 & \cos\alpha & -\sin\alpha & 0 \\ 0 & \sin\alpha & \cos\alpha & 0 \\ 0 & 0 & 0 & 1 \end{bmatrix}$$

$$\tag{1-23}$$

利用 $_B^A\boldsymbol{T}$ 可将运动坐标系 $\{B\}$ 中的任意向量变换为相对于参考坐标系 $\{A\}$ 中的向量。

对于给定坐标系 $\{A\}$、$\{B\}$ 和 $\{C\}$，如果已知 $\{B\}$ 相对 $\{A\}$ 的复合变换为 $_B^A\boldsymbol{T}$，$\{C\}$ 相对 $\{B\}$ 的复合变换为 $_C^B\boldsymbol{T}$，则 $\{C\}$ 相对 $\{A\}$ 的复合变换 $_C^A\boldsymbol{T}$ 可如下计算：

$$_C^A\boldsymbol{T} = {}_B^A\boldsymbol{T}\,{}_C^B\boldsymbol{T} \tag{1-24}$$

（6）齐次逆变换

从运动坐标系 $\{B\}$ 向参考坐标系 $\{A\}$ 的向量变换矩阵为 $_B^A\boldsymbol{T}$，而从参考坐标系 $\{A\}$ 向运动坐标系 $\{B\}$ 的向量变换称为齐次逆变换，其变换矩阵为 $_A^B\boldsymbol{T}$。由于：

$$_B^A\boldsymbol{T} = {}_A^B\boldsymbol{T}^{-1} \tag{1-25}$$

因此，从运动坐标系 {$B$} 向参考坐标系 {$A$} 的齐次变换为：

$$_{B}^{A}\boldsymbol{T}=\begin{bmatrix} m_x & n_x & o_x & p_x \\ m_y & n_y & o_y & p_y \\ m_z & n_z & o_z & p_x \\ 0 & 0 & 0 & 1 \end{bmatrix} \tag{1-26}$$

则有：

$$_{A}^{B}\boldsymbol{T}=\begin{bmatrix} m_x & m_y & m_z & -\boldsymbol{p}\cdot\boldsymbol{m} \\ n_x & n_y & n_z & -\boldsymbol{p}\cdot\boldsymbol{n} \\ o_x & o_y & o_z & -\boldsymbol{p}\cdot\boldsymbol{o} \\ 0 & 0 & 0 & 1 \end{bmatrix} \tag{1-27}$$

其中，$\boldsymbol{m}$、$\boldsymbol{n}$、$\boldsymbol{o}$ 和 $\boldsymbol{p}$ 为四个列矢量。

$$\boldsymbol{m}=[m_x,m_y,m_z]^{\mathrm{T}} \tag{1-28}$$

$$\boldsymbol{n}=[n_x,n_y,n_z]^{\mathrm{T}} \tag{1-29}$$

$$\boldsymbol{o}=[o_x,o_y,o_z]^{\mathrm{T}} \tag{1-30}$$

$$\boldsymbol{p}=[p_x,p_y,p_z]^{\mathrm{T}} \tag{1-31}$$

（7）变换方程

要描述或控制机器人的运动，就必须建立机器人各个刚性杆件之间、机器人与环境之间的运动关系。这需要在各个杆件上建立动坐标系，根据环境情况建立参考坐标系，而且要确定各个坐标系之间的变换关系。空间内任意刚体的位姿可以用多种方法来描述，但不管用哪种方法来描述，所得到的结果应该是相等的，这实际上就是矢量守恒理论（从一点出发到另外一点，不管路径如何，其矢量是一定的）。机器人学中的变换方程就是根据该理论建立的。

以焊接机器人为例，如图 1-10 所示。焊接时，焊枪坐标系相对于工件坐标系的位姿直接决定了焊接质量，这是机器人最终规划的目标。而机器人是不能直接控制焊枪的，焊枪需要通过其他杆件和关节来间接控制。为了描述焊枪坐标系相对于工件坐标系的位姿$_{T}^{G}\boldsymbol{T}$，可通过建立 {$B$}、{$S$}、{$G$}、{$W$} 和 {$T$} 等坐标系来实现。{$B$} 为基坐标系，用作参考坐标系；{$S$} 为工作台坐标系；{$G$} 为工件坐标系（目标坐标系）；{$W$} 为腕部坐标系；{$T$} 为焊枪坐标系。

通常用空间向量图来控制焊枪坐标系相对于工件坐标系的位姿$_{T}^{G}\boldsymbol{T}$，如图 1-11 所示。

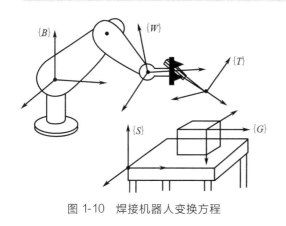 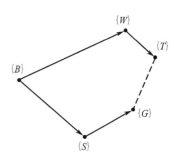

图 1-10 焊接机器人变换方程      图 1-11 焊接机器人尺寸链

工具坐标系相对于参考坐标系的位姿可通过 $B$-$W$-$T$ 路径进行描述，也可通过 $B$-$S$-$G$-$T$ 路径来描述：

$$_B^BT = {_W^B}T\,{_T^W}T$$

$$_T^BT = {_S^B}T\,{_G^S}T\,{_T^G}T$$

由于上述两个变换的始点和终点相同，因此有：

$$_W^BT\,{_T^W}T = {_S^B}T\,{_G^S}T\,{_T^G}T$$

上式中的任何一个矩阵都可以利用其他的已知矩阵来计算。例如，$_S^BT$、$_G^ST$、$_T^GT$ 和 $_W^BT$ 已知，可利用下式求出 $_T^WT$

$$_T^WT = {_W^B}T^{-1}\,{_S^B}T\,{_G^S}T\,{_T^G}T$$

而

$$_T^BT = {_W^B}T\,{_T^W}T = {_W^B}T\,{_W^B}T^{-1}\,{_S^B}T\,{_G^W}T\,{_T^G}T$$

## 1.2.3 机器人运动学简介

机器人运动学研究静态下机器人本体各个部分的位移、速度、加速度以及它们之间的关系，其主要目的和任务就是分析并确定末端操作器位姿和运动速度。机器人本体实际上是由若干个刚性杆件通过关节连接起来的连杆机构，这些刚性杆件称为连杆。连接连杆的关节通常为一个自由度的关节。根据运动形式，机器人本体的单自由度关节主要有移动关节和转动关节两类。极少数情况下，机器人还使用多自由度的关节。对于 $n$ 自由度关节，通常看作是由 $n$ 个单自由度关节与 $n-1$ 个长度为零的连杆连接而成的组合关节。

进行机器人运动学分析，首先要建立机器人运动方程，又称位姿方程。机器人运动方程是机器人运动分析的基础。其基本步骤为：在每个连杆上建立一个连杆坐标系，用齐次变换来描述这些坐标系之间的位姿关系，再按照 1.2.2 节阐述的齐次变换方程建立机器人运动方程。

（1）连杆运动参数

在机器人运动学分析过程中，通常忽略连杆的横截面大小、刚度和强度，也忽略关节轴承的类型、外形、质量和转动惯量等，把连杆看作一个限定相邻两关节轴位置关系的刚体，把关节轴看作是直线或矢量，这样就可方便地描述任意一个连杆的状态和其与相邻连杆之间的关系。

为了便于描述，通常对机器人本体的各个连杆进行编号，将其基座命名为连杆 0，第 1 个可动连杆为连杆 1，以此类推，第 $i$ 个连杆称为连杆 $i$，机器人手臂最末端的连杆称为连杆 $n$。

1）连杆自身状态描述　连杆自身状态可用连杆长度和连杆扭转角两个参数来描述。例如，中间连杆 $i-1$ 可用下列两个参数描述，如图 1-12 所示。

① 连杆长度 $l_{i-1}$　指连杆两端关节轴之间的距离，即两关节轴之间的公垂线长度 $l_{i-1}$，如图 1-12 所示。在运动学分析中，公垂线 $l_{i-1}$ 代表连杆 $i$，连杆方向定义为从关节轴 $i-1$ 到关节轴 $i$ 的方向。当关节轴 $i$ 和关节轴 $i-1$ 相交时，连杆长度 $l_{i-1}=0$。

② 连杆扭转角 $\alpha_{i-1}$　指连杆两端关节轴之间的夹角，如图 1-12 所示。当关节轴 $i$ 和关节轴 $i-1$ 平行时，$\alpha_{i-1}=0$。

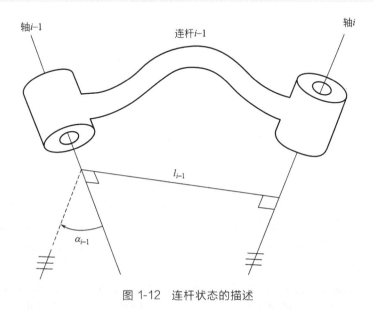

图 1-12　连杆状态的描述

对于首尾连杆，有如下约定：

$l_0 = l_n = 0$；$\alpha_0 = \alpha_n = 0$。

2）连杆的连接关系　相邻两连杆通过一个关节连接起来，这两个连杆之间的连接关系可用该关节的两个参数描述，例如连杆 $i-1$ 和连杆 $i$ 通过关节 $i$ 相连，两者之间的连接关系可用关节轴 $i$ 的下列两个参数来描述。

① 关节轴上的连杆间距 $d_i$　描述两个相邻连杆的公垂线 $l_{i-1}$ 和 $l_i$ 之间的距离，如图 1-13 所示。

② 关节角 $\theta_i$　描述两个相邻连杆的公垂线 $l_{i-1}$ 和 $l_i$ 之间的夹角，如图 1-13 所示。

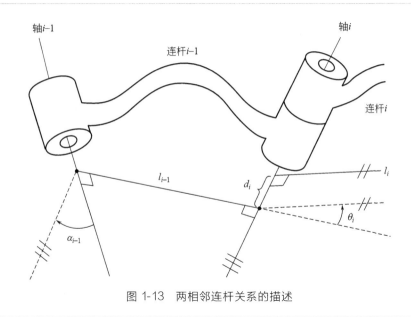

图 1-13　两相邻连杆关系的描述

当关节 $i$ 为移动关节时，连杆间距 $d_i$ 是变量；当关节 $i$ 为转动关节时，关节角 $\theta_i$ 是变量。

3）连杆运动参数　每个连杆的运动可用上述四个参数来描述，例如连杆 $i-1$ 可用 $(l_{i-1}, \alpha_{i-1}, d_i, \theta_i)$ 描述。对于移动关节，$d_i$ 为关节变量，其他三个参数固定不变。对于转动关节，$\theta_i$ 为关节变量，其他三个参数固定不变。这种描述方法称为 Denavit-Hartenberg 描述法，是机器人学中应用最广泛的方法。对于一个 6 关节机器人，需要用 24 个参数来描述，其中 18 个参数是固定参数，6 个参数是变动参数，也就是说 6 关节机器人描述参数中有 6 个变量，因此称为 6 自由度机器人。

（2）连杆坐标系

机器人每个连杆上建立一个固连坐标系，以便于通过齐次坐标变换将各个连杆之间的运动关系联系起来，以确定末端执行器的位姿和运动。连杆 $i$ 的固连坐标系称为坐标系 $\{i\}$。基座坐标系（连杆 0）$\{0\}$ 为一个固定坐标系，其他坐标系为动坐标系。通常将坐标系 $\{0\}$ 作为参考坐标系，利用该坐标系描述其他坐标系的位置。理论上讲，各个杆件的固连坐标系可任意设定，但方便起见，通常按照图 1-14 所示的原则来建立杆件固连坐标系。

① 坐标系 $\{i\}$ 的轴 $Z_i$ 与关节轴 $i$ 重合，其方向为指向关节 $i$。

② 其原点建立在公垂线 $l_i$ 与关节轴 $i$ 的交点上。

③ 轴 $X_i$ 与 $l_i$ 重合并指向关节 $i+1$。

④ 轴 $Y_i$ 根据右手定则确定。

对于参考坐标系 $\{0\}$，一般将关节 1 的关节矢量为 0 时的坐标系 $\{1\}$ 定义为参考坐标系 $\{0\}$，这样总有 $l_0=0$ 和 $\alpha_0=0$，而且如果关节 1 为转动关节，则 $d_1=0$；如果关节 1 为移动关节，则 $\theta_1=0$。

对于末端连杆坐标系 $\{n\}$，如果关节 $n$ 为转动关节，设定 $X_n$ 与 $X_{n-1}$ 方向相同（即 $\theta_n=0$），而其坐标原点的设定应使得 $d_n=0$；如果关节 $n$ 为移动关节，设定坐标系 $\{n\}$ 的原点位于 $X_{n-1}$ 与关节轴 $n$ 的交点上（即 $d_n=0$），而 $X_n$ 轴的方向设定应使 $\theta_n=0$。

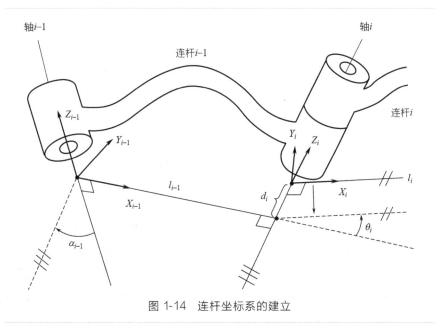

图 1-14 连杆坐标系的建立

按照上述规则建立坐标系后，连杆参数 $(l_{i-1}, \alpha_{i-1}, d_i, \theta_i)$ 可按照下面规则定义：

① $l_{i-1}$ 为沿着 $X_{i-1}$ 方向从 $Z_{i-1}$ 到 $Z_i$ 的距离。

② $\alpha_{i-1}$ 为绕 $X_{i-1}$ 轴从 $Z_{i-1}$ 旋转到 $Z_i$ 的角度。

③ $d_i$ 为沿着 $Z_i$ 方向从 $X_{i-1}$ 到 $X_i$ 的距离。

④ $\alpha_i$ 为绕 $Z_i$ 轴从 $X_{i-1}$ 旋转到 $X_i$ 的角度。

对于弧焊机器人，工具坐标系建立在焊枪的焊丝端部。通常把焊丝端部作为原点，把焊丝向工件送进方向作为 $Z$ 轴，面向机器人手臂本体看，水平向左方向为 $Y$ 轴，离开机器人本体方向为 $X$ 轴。

（3）连杆变换矩阵

要将各个连杆的运动联系起来，仅仅建立连杆坐标系是不够的，还要确定各个连杆之间的变换关系。坐标系 $\{i\}$ 相对于 $\{i-1\}$ 的变换记作 ${}^{i-1}_i\boldsymbol{T}$。将坐标系 $\{i\}$ 中的任意一个矢量 ${}^i\boldsymbol{P}$ 变换到 $\{i-1\}$ 中，可先绕 $X_{i-1}$ 轴旋转 $\alpha_{i-1}$，再沿着 $X_{i-1}$ 轴平移 $l_{i-1}$，再绕 $Z_{i-1}$ 旋转 $\theta_i$，最后再平移 $d_i$，即：

$$ {}^{i-1}_i\boldsymbol{T} = R_x(\alpha_{i-1}) D_x(l_{i-1}) R_z(\theta_i) D_z(d_i) $$

转化为矩阵，可表达为：

$$ {}^{i-1}_i\boldsymbol{T} = \begin{bmatrix} \cos\theta_i & -\sin\theta_i & 0 & l_{i-1} \\ \sin\theta_i\cos\alpha_{i-1} & \cos\theta_i\cos\alpha_{i-1} & -\sin\alpha_{i-1} & -d_i\sin\alpha_{i-1} \\ \sin\theta_i\sin\alpha_{i-1} & \cos\theta_i\sin\alpha_{i-1} & \cos\alpha_{i-1} & d_i\cos\alpha_{i-1} \\ 0 & 0 & 0 & 1 \end{bmatrix} $$

一般情况下，每个关节只有一个自由度。对于转动关节，连杆参数 $(l_{i-1}, \alpha_{i-1}, d_i, \theta_i)$ 中只有 $\theta_i$ 为变量，因此 ${}^{i-1}_i\boldsymbol{T} = f(\theta_i)$；对于移动关节，只有 $d_i$ 为变量，因此 ${}^{i-1}_i\boldsymbol{T} = f(d_i)$。

（4）机器人运动学方程

对于 $n$ 自由度机器人，将 $n$ 个连杆变换矩阵相乘，即可得到机器人运动学方程：

$$ {}^0_n\boldsymbol{T} = {}^0_1\boldsymbol{T} {}^1_2\boldsymbol{T} \cdots {}^{n-1}_n\boldsymbol{T} $$

${}^0_n\boldsymbol{T}$ 是机器人手臂末端变坐标系 $\{n\}$ 相对于参考坐标系 $\{0\}$ 的变换，如果确定了机器人各个关节变量，即所有的 ${}^{i-1}_i\boldsymbol{T}$ 是确定的，就可以确定末端操作器相对于机器人参考坐标系的位姿。这是运动学正问题，运动学正问题的解是唯一的，各个关节的矢量确定后，末端执行器的位姿就唯一确定了。

对于给定的机械臂，已知末端执行器在参考系中的期望位置和姿态 ${}_n^0\boldsymbol{T}$，求各关节矢量 ${}_i^{i-1}\boldsymbol{T}=f(\theta_i)$，这是运动学逆问题。机器人运动学逆问题在工程应用上更为重要，它是机器人运动规划和轨迹控制的基础。逆问题的解不是唯一的，也可能不存在解。逆问题的求解仍然利用上述运动学方程进行。其求解方法是方程两端不断左乘各个连杆矩阵的逆矩阵，依次求出 $\theta_1$、$\theta_2$、$\cdots$、$\theta_n$。

通过左乘 $({}_1^0\boldsymbol{T})^{-1}$ 得到：

$$({}_1^0\boldsymbol{T})^{-1}{}_n^0\boldsymbol{T}={}_2^1\boldsymbol{T}\cdots{}_n^{n-1}\boldsymbol{T}$$

上式左端只有一个变量 $\theta_1$，通过对两边进行矩阵变换，比较两边的对应元素可求出关节变量 $\theta_1$。将 $\theta_1$ 再代入上式后可用同样的方法求出 $\theta_2$，以此类推可求出所有 $\theta_i$。

无论是机器人运动学正问题的计算还是运动学逆问题的计算，或是末端执行器的路径规划，均是由机器人系统自己完成的。例如，用户只需给出末端执行器期望的位姿，通过一定的交互方式进行简单的描述，机器人系统自己确定达到期望位姿的准确路径和速度。很多运动逆问题有多个解，但大部分应用情况下并不需要计算出所有解，以便节省时间。

对于示教型机器人，示教点就是末端执行器期望达到的点，示教过程中操作人员通过示教盒控制末端执行器达到该点时，机器人记下示教点和插补点在参考坐标系下的直角坐标，机器人控制器仅需进行简单的逆运动学计算就可求出各个关节的关节角。

# 1.2.4 机器人动力学简介

机器人的每个关节都会在驱动器的驱动下运动，研究机器人各个连杆或关节上的受力和运动之间关系的学科称为机器人动力学。连杆或关节上的受力包括机器人驱动器施加的驱动力或力矩、外力或力矩。研究机器人动力学的主要目的是为了保证机器人具有良好的动特性和静特性，提高其控制精度、分辨率、稳定性、重复精度。机器人动力学有两个方面的问题，第一方面的问题是动力学正问题，已知各个关节的作用力或力矩，求解其位移、速度和加速度；第二方面的问题是动力学逆问题，已知各个关节的位移、速度和加速度，求解其受的力或力矩。

机器人动力学方程通常利用拉格朗日方程来建立，利用拉格朗日功能平衡法或牛顿-欧拉动态平衡法求解。

焊接机器人运动速度和加速度一般不大，因此只需要进行一些简单的动力学控制。

# 1.3 焊接机器人的应用及发展

## 1.3.1 焊接机器人的应用现状

自 20 世纪 50 年代问世以来，现代机器人获得了长足的发展，在各行各业，特别是工业部门获得了广泛应用。在所有机器人中，工业机器人占 67%，服务机器人占 21%，特种机器人占 12%。而工业机器人中，焊接机器人占 40% 以上，已广泛应用于工业制造各领域。

（1）焊接机器人发展历程

1974 年日本川崎公司研制了世界上首台焊接机器人，用于焊接摩托车车架。20 世纪 70 年代末，我国也成功研制出直角坐标机械手，用于轿车底盘的焊接。20 世纪 80 年代中后期，先进的工业化国家的焊接机器人技术已经非常成熟，在汽车和摩托车行业得到了广泛应用。国内中国一汽于 1984 年率先引进了德国 KUKA 焊接机器人，用于当时的"红旗"牌轿车车身焊接，并于 1988 年在这些机器人的基础上开发出车身机器人焊装生产线。同时，国内高校及研究机构也自发开始了焊接机器人技术的开发研究。20 世纪 90 年代初，随着合资汽车厂的诞生，焊接机器人的应用进入高速发展阶段。国家"八五"和"九五"计划也将机器人技术及应用研究列为重点研发项目。经过几十年的持续努力，目前我国焊接机器人的研究在基础技术、控制技术、关键元器件等方面取得了重大进展，并已进入实用化阶段，形成了点焊、弧焊机器人系列产品，已经能够实现批量生产，获得了较广泛的应用。但由于重复定位精度、可靠性等方面与国外公司还存在一定的差距，且成本优势不明显，国内生产的焊接机器人的竞争力较弱，应用领域仅仅限于一些对焊接质量要求不很高的结构件制造上。截至 2017 年年底，全球焊接机器人在用量大约 100 万台，国内的在用量大概 20 万台。近年来，国内焊接机器人应用发展呈现出快速增长的势头，年平均增长率超过 40%。汽车、摩托车、农业机械、工程机械、机车车辆等工业部门是焊接机器人应用较多的部门。国内在用的焊接机器人中，90% 左右是国外品牌，主要有 OTC、发那科、松下、安川、不二越、川崎等日系品牌（约占 75%）和 KUKA、ABB、CLOOS、IGM、COMAU 等欧系品牌（约占 20%）；国产品牌的焊接机器人只占 10% 左右，主要品牌有新松、时代、华恒、欢颜、新时达、埃夫特和埃斯顿等。随着国家对机器人制造技术的重视以及机器人及机器人器件制造商投入的不断增大，国产焊接机器人大量替代进口机器人为期不远。

目前，焊接机器人的应用和技术发展经历了三代。第一代是示教再现型机器人。这类机器人的优点是操作简单，焊前需要通过示教盒进行示教，将焊接路径和焊接参数存储到控制器中，实际焊接时执行存储的程序，再现存储的路径和参数。其缺点是不具备对外部信息感知和反馈能力，不能根据工作条件的变换修正路径或焊接参数。目前，这类焊接机器人依然是工业生产中应用最广的。第二代是具有感知能力的焊接机器人。这类机器人通常装有外部传感器，对外界环境条件的变换有一定的检测和反馈能力，焊接过程中可根据外界环境条件的变换修正路径或焊接参数，在焊前加工质量和装配质量不高的情况下也可保证良好的焊接质量。第三代是智能机器人。这类机器人不但具备感知能力，而且具有独立判断、行动、记忆、推理和决策的能力，能适应外部环境的变化，自助调节输出参数，能完成更加复杂的动作。目前这类机器人尚处于研究开发阶段，未在工业中大量应用。

（2）焊接机器人的应用意义

焊接机器人的广泛应用，对于促进焊接生产具有如下重要意义。

① 提高焊接质量，并提高了焊接质量的一致性。机器人焊接对操作工人技术的依赖性小，重复精度高，因此焊接质量和质量一致性均显著提高。

② 劳动生产率高。一个焊接机器人工作站可配多个装配工作站，这样机器人可连续不断地进行焊接。而且随着高速高效焊接技术的应用，机器人焊接生产效率的提高更显著。

③ 劳动条件好。机器人焊接时，操作工人只需装卸工件，可远离焊接弧光、烟雾和飞溅等，工作环境显著改善，劳动强度也显著降低。

④ 生产周期易于控制。机器人的生产节拍不会受到外界因素的影响，生产周期容易确定，而且是固定的，生产计划易于落实。

⑤ 可缩短产品改型周期，降低设备投资成本。与焊接专机或专用生产线相比，焊接机器人可通过修改程序适应不同工件的生产，因此产品改型时，效率高、成本低。

⑥ 基于焊接机器人的焊接生产线，有利于将生产制造过程中的材料、半成品、成品、各种工艺参数等信息集中采集，实现信息化和智能化，便于质量控制、质量分析和成本控制。

## 1.3.2 焊接机器人的发展趋势

随着信息技术、计算机技术、控制技术及焊接技术的不断发展，焊接机器人的功能越来越强大，而且成本不断降低。另外，目前劳动力越来越紧缺，劳动力成本不断上升，而且不断加剧的市场竞争要求提升焊接质量，急需利用焊接机器人代替工人进行工作条件较差的焊接工作，这一切均预示着焊接机器人应用前景广阔、发展空间巨大。近年来，我国为了促进机器人的发展及应用，推出了《关于推进工业机器人发展的指导意见》《机器人产业发展规划（2016～2020）》及《中国制造2025》等一系列相关产业政策。在政府的大力扶持下，我国机器人制造水平和质量会迅速提高，而且工业机器人市场也会持续增长。根据国家工信部预计，2015～2025年这十年间，工业机器人年销量平均增长率在30％以上，工业机器人及外围部件的总市场份额将达到3500亿元左右。按焊接机器人占工业机器人40％的比例计算，焊接机器人的市场份额接近1400亿元。

随着智能感知认知、多模态人机交互、云计算等智能化技术不断成熟，工业机器人将向着智能机器人快速演变，机器人深度学习、多机协同等前瞻性技术也会在机器人中迅速推广，机器人系统的应用将更加普遍。从工业制造对焊接需求的发展角度来看，焊接机器人系统趋势主要有：

① 中厚板的机器人高效焊接技术及工艺。

② 小批量或单件大构件机器人自动焊接（如海洋工程和造船行业）。

③ 焊接电源的工艺性能进一步提高，适应性更广，更加数字化、智能化。

④ 焊接机器人系统更加智能化。

⑤ 各种智能传感技术在机器人中应用更广泛。

⑥ 更强大的自适应软件支持系统。

⑦ 焊接机器人与上下游加工工序的融合和总线控制。

⑧ 焊接信息化及智能化与互联网融合，最终达到无人化智能工厂。

第2章

焊接机器人
本体的结构
及控制

机器人本体又称机器人手臂、机械手、机械臂或机器人操作机。它是焊接机器人系统的执行机构，代替人的手臂执行焊接操作。

# 2.1 焊接机器人本体结构

机器人本体由刚性连杆、驱动器、传动机构、关节、内部传感器（如编码盘等）及示教盒等组成。它的主要任务是控制作为末端执行器的焊枪达到所要求的位置、姿态，并保证焊枪沿着所要求的轨迹以一定的速度运动，如图 2-1 所示。一般情况下，机器人本体可看作是主要由刚性连杆和关节构成的，而驱动器、传动机构及内部传感器可看作是关节的一部分。这样，机器人本体就可看作是一开环关节链，如图 2-1 所示。一般情况下，可分为机身、上臂、前臂、腕部等，每部分至少有 1 个关节，焊接机器人的腕部有 2~3 个关节，每个关节有 1 个自由度。机械手的几何结构简图如图 2-2 所示。

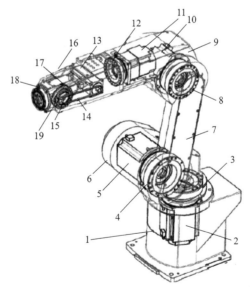

图 2-1　机器人本体基本结构

1—机身；2—腰关节轴（关节轴 1）驱动电动机；3—腰关节轴（关节轴 1）减速器；4—肩关节轴（关节轴 2）减速器；5—肩关节轴（关节轴 2）驱动电动机；6—肩关节；7—上臂；8—肘关节轴（关节轴 3）减速器；9—肘关节；10—肘关节轴（关节轴 3）驱动电动机；11—腕关节轴（关节轴 4）驱动电动机；12—腕关节轴（关节轴 4）减速器；13—腕关节轴（关节轴 5）驱动电动机；14—关节轴 5 同步带；15—腕关节轴（关节轴 5）减速器；16—前臂；17—腕关节轴（关节轴 6）驱动电动机；18—腕关节轴（关节轴 6）减速器；19—腕关节外壳

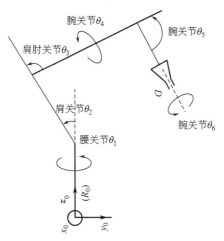

图 2-2　机械手的几何结构简图

# 2.1.1　机器人机身

　　机器人机身又称机座或底座，是直接连接和支承手臂及行走机构的部件。机身既可以是固定式的，又可以是行走式的。固定式机身固定在地面或某一平台上；行走式机身可沿着轨道行走，或者安装在龙门架上，随同龙门架一起沿着轨道行走。

　　机身承受机器人的全部重量，其性能对机器人的负荷能力和运动精度具有很大的影响。通常要求机身具有足够的强度、刚度、精度和平稳性。

　　刚度是指机身在外力作用下抵抗变形的能力。一般用一定外力作用下沿着该外力作用方向上产生的变形量来表征。该变形越小，则刚度越大。机器人机身的刚度比强度更重要。为了提高刚度，通常选择抗弯刚度和抗扭刚度均较大的封闭空心截面的铸铁或铸钢连杆，并适当减小壁厚、增大轮廓尺寸。采用这种结构不仅可提高刚度，而且空心内部还可以布置安装驱动装置、传动机构及管线等，使整体结构紧凑，外形整齐。机身支承刚度以及支承物和机身间的接触刚度对机器人的性能也具有重要的影响。通常通过采用合理的支座结构、适当的底板连接形式来提高支承刚度；而接触刚度则通过保证配合表面的加工精度和表面粗糙度来保证。对于滚动导轨或滚动轴承，装配时还应通过适当施加预紧力来提高接触刚度。

　　机器人机身的位置精度影响手部的位置精度。而影响机身位置精度的因素除刚度外，还有其制造和装配精度、连接方式、运动导向装置和定位方式等。对于导向装置，其导向精度、刚度和耐磨性等对机器人的精度和其他工作性能具有很大的影响。

机身的质量较大，如果运动速度和负荷也较大，运动状态的急剧变化易引起冲击和振动。这会影响手部位姿的精度，还可能会导致运转异常。为了防止冲击和振动的发生，焊接机器人上通常采取有效的缓冲装置来吸收能量；而且机身的运动部件，包括驱动装置、传动部件、管线系统及运动测量元件等均采用紧凑、质量轻的结构设计，以减少惯性力，并提高传动精度和效率。

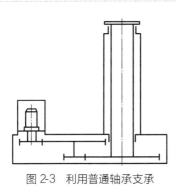

图 2-3　利用普通轴承支承腰关节轴的机器人机身

机身上装有腰关节，利用该关节来实现臂部升降、回转或俯仰等运动。腰关节是负载最大的运动轴，对末端执行器的位姿和运动精度影响最大，要求具有很高的设计和制造精度，特别是关节轴的支承精度要求较高。常用的支承方式有两种。第一种为普通轴承结构，如图 2-3 所示。这种结构的优点是安装调整方便，但腰部高度较高。第二种为环形十字交叉滚子轴承支承结构，如图 2-4 所示。这种结构的优点是刚度大、负载能力强、装配方便，但轴承的价格相对较高。图 2-5 示出了一种典型机器人机身驱动机构安装示意图。伺服电动机 1 通过小锥齿轮 2、大锥齿轮 3、传动轴 5、小直齿轮 4 和大直齿轮 6 驱动腰关节的轴转动。

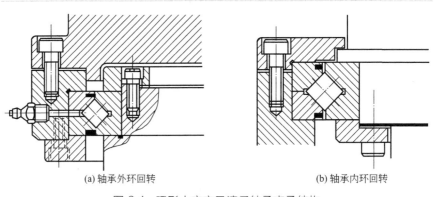

(a) 轴承外环回转　　　　　　　　　(b) 轴承内环回转

图 2-4　环形十字交叉滚子轴承支承结构

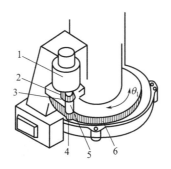

图 2-5　一种典型机器人机身驱动机构安装示意图
1—伺服电动机；2—小锥齿轮；3—大锥齿轮；4—小直齿轮；5—传动轴；6—大直齿轮

# 2.1.2　机器人臂部

　　机器人臂部（简称机器臂）用来连接机身和手部，是机器人主要执行部件。其主要作用是支持机器人腕部和手部，并带动腕部和手部在空间中运动。臂部各个关节装有相应的传动和驱动机构。

　　臂部工作中直接承受腕部、末端执行器和工件的静、动载荷，自身频繁运动且运动状态复杂，因此其受力复杂。臂部既受弯曲力，又受扭转力。为了保证运动精度，应选用抗弯和抗扭刚度较大的封闭形空心截面的刚性连杆作为臂杆。而且内部空心中还可以布置安装驱动装置、传动机构及管线等，使整体结构紧凑，外形整齐。臂杆的支承刚度以及支承物和机身间的接触刚度对机器人的性能也具有重要的影响。通常通过采用合理的支座结构、适当的底板连接形式来提高支承刚度；而接触刚度则通过保证配合表面的加工精度和表面粗糙度来保证。对于滚动导轨或滚动轴承，装配时还应通过适当施加预紧力来提高接触刚度。

　　臂部的制造和装配精度、连接方式、运动导向装置和定位方式等也影响其位置精度和运动精度。臂杆导向装置的导向精度、刚度和耐磨性等对机器人的精度和其他工作性能具有很大的影响。

　　臂部运动状态的急剧变化也会引起冲击和振动。这不仅会影响手部位姿的精度，严重时还可能导致运转异常。为了防止冲击和振动的发生，焊接机器人上通常采取有效的缓冲装置以吸收能量；而且臂杆的运动部件（包括驱动装置、传动部件、管线系统及运动测量元件等）均采用紧凑、质量轻的结构设计，以减少惯性力，并提高传动精度和效率。另外，各个关节轴线应尽量平行，相互垂直的关节轴线应尽量交汇于一点。

　　臂部包括大臂和小臂，通常由高强度铝合金质薄壁封闭框架制成。其运动采用齿轮传动，以保证较大的传动刚度。传动机构安装在薄壁封闭框架内部，图 2-6 示出了大臂传动机构示意图，图 2-7 示出了小臂传动机构示意图。

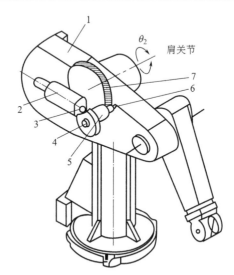

图 2-6　机器人大臂传动机构示意图

1—大臂；2—大臂电动机；3—小锥齿轮；4—大锥齿轮；5—偏心套；6—小齿轮；7—大齿轮

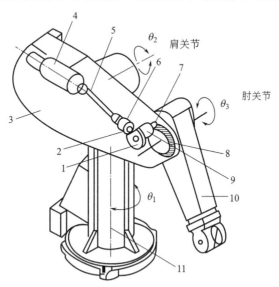

图 2-7　机器人小臂传动机构示意图

1—大锥齿轮；2—小锥齿轮；3—大臂；4—小臂电动机；5—驱动轴；
6,9—偏心套；7—小齿轮；8—大齿轮；10—小臂；11—机身

## 2.1.3 腕部及其关节结构

腕部是机器人本体的末端，用来连接末端执行器，其主要作用是在臂部运动基础上确定末端执行器的姿态。腕部一般有 2～3 个自由度，其设计结构要紧凑、刚性好、质量小，各运动轴分别采用独立的驱动电动机和传动系统，典型结构如图 2-8 所示。腕部的 3 个驱动电动机和传动系统安装在机器人小臂的后部，这样既降低了腕部的尺寸，又可将电动机的重量作为配重，起到一定的平衡作用。3 个电动机通过柔性联轴器和驱动轴来驱动腕部各轴的传动齿轮，减速后驱动关节轴，实现关节运动。通过腕关节 4 的齿轮实现腕转运动，通过腕关节 5 的齿轮实现腕摆运动，通过腕关节 6 的齿轮实现腕捻运动。

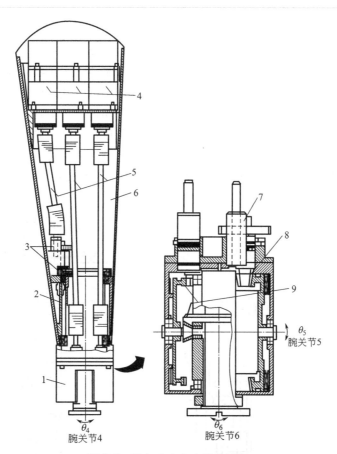

图 2-8 具有 3 个自由度的腕部
1—手腕；2—腕关节 4 的支座；3—腕关节 4 的齿轮；4—伺服电动机；5—驱动轴；
6—小臂；7,8—腕关节 5 的齿轮；9—腕关节 6 的齿轮

# 2.2 焊接机器人关节及其驱动机构

机器人末端执行器的运动是由机器人各个关节的运动合成的，每个关节均有一个驱动机构。

## 2.2.1 关节

关节是机器人连杆接合部位形成的运动副。根据运动方式可将机器人的关节分为转动关节和移动关节两种。焊接机器人的关节一般是转动关节，它既是基座与臂部、上臂与小臂、小臂与腕部的连接机构，又在各个部分之间传递运动。转动关节由转轴、轴承和驱动机构构成。根据驱动机构与转轴的布置形式，关节可分为同轴式、正交式、外部安装式和内部安装式等，如图 2-9 所示。同轴式关节的回转轴与驱动机构转轴同轴，其优点是定位精度高，但需要使用小型减速器并增加臂部刚性，这是多关节机器人常用的关节形式。正交式关节的回转轴与驱动机构转轴垂直，这种关节的减速机构可安装在基座上，通过齿轮或链条进行传动，适用于臂部结构要求紧凑的机器人。外部安装式关节的驱动机构安装在关节外部，适用于重型机器人。内部安装式关节的驱动电动机和减速机构均安装在关节内部。

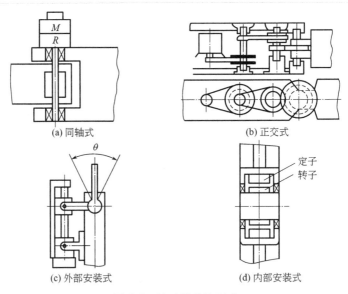

(a) 同轴式　　　　　　　　　　(b) 正交式

(c) 外部安装式　　　　　　　　(d) 内部安装式

图 2-9　转动关节的形式

　　根据关节结构的不同，旋转关节有柱面关节和球面关节两种。焊接机器人常用球面关节。球面关节中的球轴承可承受径向和轴向载荷，具有摩擦系数小、轴和轴承座刚度要求低等优点。图 2-10 示出了几种典型的球面轴承。普通向心球轴承和向心推力球轴承的每个球和滚道之间为两点接触，这两种轴承必须成对使用。四点接触球轴承的滚道是尖拱式半圆，球与滚道之间有四个接触点，可通过控制两滚道之间的过盈量实现预紧，具有结构紧凑、无间隙、承载能力大、刚度大等优点，但成本较高。

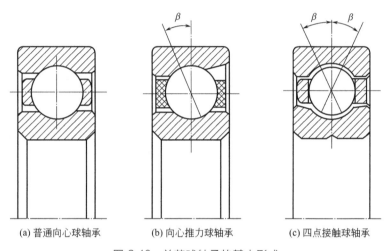

(a) 普通向心球轴承　　　(b) 向心推力球轴承　　　(c) 四点接触球轴承

图 2-10　关节球轴承的基本形式

## 2.2.2　驱动装置

### (1) 驱动装置分类

　　根据动力源的类型不同，机器人驱动装置可分为液压式、气动式、电动式等。可以直接驱动关节，但大部分情况下是通过同步带、链条、轮系、谐波齿轮或 RV 减速器等机械传动机构进行间接驱动。

　　液压式驱动装置用电动机驱动的高压流体泵（如柱塞泵、叶片泵等）作为动力。其优点是功率大、无需减速装置、结构紧凑、刚度好、响应快、精度高等；缺点是易产生液压油泄漏、维护费用高、适用的温度范围小（30～80℃）等。这种驱动装置一般用于大型重载机器人上，焊接机器人一般不用这种驱动方式。

　　气动式驱动装置以气缸为动力源，优点是简单易用、成本低、清洁、响应速度快等；缺点是功率小、刚度差、精度低、速度不易控制、噪声大等。这种驱动方式多用于精度不高的点位控制机器人或一些由于安全原因不能使用电驱动装置的场合，例如在上、下料和冲压机器人中应用较多，而焊接机器人中应用较少。

电动机驱动装置利用各种电动机产生的力或力矩来驱动机器人关节，实现末端操作器位置、速度和加速度控制。焊接机器人通常使用这种驱动方式，它具有启动速度快、调节范围宽、过载能力强、精度高、维护成本低等优点。但一般不能直接驱动，需要传动装置进行减速。

（2）驱动电动机

电驱动装置采用的驱动元件有步进电动机直流伺服电动机和交流伺服电动机等。表 2-1 比较了几种常用电动机的性能特点。

表 2-1　常用电动机性能比较

| 电动机类型 | 步进电动机 | 直流伺服电动机 | 交流伺服电动机 |
|---|---|---|---|
| 基本原理 | 利用电脉冲来控制运动，1 个脉冲对应一定的步距角度，利用脉冲个数控制位移量，利用脉冲频率控制运动速度 | 通过脉冲控制位移量，接收 1 个脉冲就会旋转对应的角度，同时会发出 1 个脉冲，这样控制系统通过比较发出的和收到的脉冲数可精确控制转动角度，即靠反馈来精确定位和定转速 | 原理类似于直流伺服电动机。不同的是采用正弦波控制，转矩脉动性更小 |
| 结构特点 | 结构简单，体积较小 | 结构较简单，体积较大，重量较大 | 体积和重量比直流伺服电动机小，且无电刷和换向器，工作可靠，维护和保养要求低 |
| 过载能力 | 无 | 较大 | 最大 |
| 输出速度范围 | 小 | 较大 | 最大 |
| 速度响应时间 | 较长（从静止加速到其额定转速需要 200～400ms） | 短（从静止加速到其额定转速仅需要几毫秒） | 最短 |
| 矩频特性 | 输出力矩随转速升高而下降，且在 600r/min 以上会急剧下降，其最高工作转速一般在 600r/min 以下 | 在低于 2000r/min 速度下能输出额定转矩 | 基本上是恒力矩输出，在 3000r/min 高速下仍能输出额定转矩 |
| 低频特性 | 易出现低频振动现象 | 有共振抑制功能，运转平稳，即使在低频下也非常稳定 | |
| 控制精度 | 取决于相数和拍数，相数和拍数越多，精度越高；步距角一般为 1.8°、0.9° | 取决于内部的编码器的刻度，刻度越多，精度越高。例如，对于带 17 位编码器的伺服电动机，驱动器每接收 131072 个脉冲电机转一圈，即其脉冲当量为 360°/131072＝0.0027466°，仅是步距角为 1.8°的步进电动机的脉冲当量的 1/655 | |

续表

| 电动机类型 | 步进电动机 | 直流伺服电动机 | 交流伺服电动机 |
|---|---|---|---|
| 运行性能 | 开环控制,启动频率过高、负载过大均导致失步或堵转现象,而且停转时易导致过冲现象 | 闭环控制,不易导致失步、堵转和过冲现象 | |

关节驱动电动机通常要求具有较大的功率质量比和扭矩惯量比、大启动转矩、大转矩、低惯量、高响应速度、宽广的调速范围、较大的短时过载能力,因此,焊接机器人多采用伺服电动机。步进电动机驱动系统多用于对精度、速度要求不高的小型简易机器人。

(3) 伺服电动机及驱动器工作原理

1) 伺服电动机工作原理　伺服电动机综合利用接收和发出的电脉冲进行定位,它接收 1 个脉冲,就转动一定的角度;同时,每旋转这个角度,也会发出一个脉冲。这样,控制系统通过比较发出的脉冲和收到的脉冲数量来发现误差并调整误差,形成闭环控制,实现更精确的定位。其定位精度可达 0.001mm。伺服电动机分为直流伺服电动机和交流伺服电动机。

直流伺服电动机结构和工作原理与小容量普通他励直流电动机类似。主要区别有两点:一是直流伺服电动机电枢电流很小,换向容易,无须换向极;二是直流伺服电动机转子细长,气隙小,电枢电阻较大,磁路不饱和。直流伺服电动机分为有刷和无刷电动机,有刷电动机结构简单、成本低、启动转矩较大,但由于其功率体积比不大、需要维护、转速不高、热惯性大,而且还会引发电磁干扰,因此主要用于一些不重要的场合,焊接机器人中很少使用。无刷电动机体积小、转矩更大、惯性小、响应速度快、转动平滑稳定,但控制线路较复杂。在 20 世纪 80 年代中期以前,机器人中大量使用直流伺服电动机,但目前焊接机器人中已经较少应用。

交流伺服电动机又分为永磁同步型交流伺服电动机和异步型交流伺服电动机,表 2-2 比较了两种交流伺服电动机的特点。永磁同步型电动机运行平稳、低速伺服性能好,是焊接机器人使用的主要类型。

**表 2-2　永磁同步型交流伺服电动机和异步型交流伺服电动机性能特点比较**

| 性能 | 永磁同步型交流伺服电动机 | 异步型交流伺服电动机 |
|---|---|---|
| 电动机结构 | 比较简单 | 简单 |

续表

| 性能 | 永磁同步型交流伺服电动机 | 异步型交流伺服电动机 |
|---|---|---|
| 最大扭矩限制 | 永磁体去磁 | 磁路饱和 |
| 发热量 | 低 | 高 |
| 电功率转换率 | 高 | 低 |
| 响应速度 | 快 | 比较快 |
| 转动惯量 | 小 | 大 |
| 速度范围 | 大 | 小 |
| 制动 | 容易 | 复杂 |
| 可靠性 | 好 | 好 |
| 环境适应性 | 好 | 好 |

　　永磁同步型交流伺服电动机主要由定子和转子两部分构成的，如图 2-11 所示。定子铁芯由硅钢片叠加而成，定子凹槽中装有励磁绕组和控制绕组两个绕组，两者在空间上相差 90°，前者由交流励磁电源供电，后者用于接入控制电压信号。转子是由高矫顽力稀土磁性材料制成的永久磁极。伺服电动机非负载端盖上装有光电编码器，用来输出反馈脉冲，伺服电动机驱动器将收到的脉冲数与发出的脉冲数进行比较，调整转子转动角度，控制位移精度。定子控制绕组上未施加控制电压时，定子内

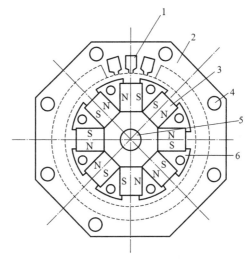

图 2-11　永磁同步型交流伺服电动机结构
1—定子绕组（三相）；2—定子铁芯；3—永久磁铁（转子）；
4—轴向通风孔；5—转轴；6—软磁极靴

的气隙内只有励磁绕组产生的脉动磁场，转子静止不动；当控制绕组上施加控制电压且控制绕组电流与励磁绕组电流不同相时，定子内气隙中产生一个旋转磁场，驱动转子沿旋转磁场的方向同步旋转。电动机的调速及转向控制有三种形式：在一定的负载下，电动机的转速随控制电压的增大而增大；当控制电压消失时，转子即刻停止转动；当控制电压反相时，伺服电动机将反转。

2) 永磁同步型交流电动机驱动器的工作原理　交流伺服驱动器又称交流伺服控制器，由伺服控制单元、功率驱动单元、各种接口及反馈系统等组成，如图 2-12 所示。新型交流伺服驱动器均利用数字信号处理器（DSP）作为控制核心，采用智能功率模块（IPM）作为功率驱动单元，并采用增量式光电编码器作为测速和位置传感器。在驱动永磁同步型交流电动机时，可采用转矩（电流）、速度、位置三种闭环控制方式，确保伺服电动机的稳定性并实现高精度定位，如图 2-13 所示。DSP 的采用便

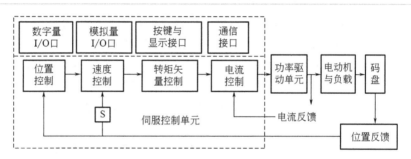

图 2-12　交流伺服控制器的组成

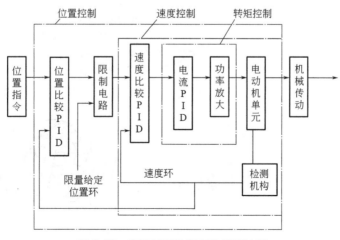

图 2-13　交流伺服控制器的闭环控制

于实现基于矢量控制的电流、速度和位置三闭环控制算法,易于实现机器人的数字化、网络化和智能化。IPM集成了驱动电路、故障检测保护电路(包括过电压、过电流、过热、欠压等)、软启动电路等,除了能够驱动伺服电动机外,还能进行各种保护并可减小启动过程中的冲击。驱动电路首先利用三相全桥整流电路将输入的三相市电进行整流,再利用三相正弦脉宽调制(PWM)电压型逆变器变频来驱动三相永磁式同步交流伺服电动机。

## 2.2.3 传动装置

传动装置的作用是将动力从驱动装置传递到执行元件。常用的传动机构有直线传动和旋转传动机构。传动装置一般具有固定的传动比。

(1) 直线传动装置

直线传动方式可用于直角坐标机器人的 $X$、$Y$、$Z$ 向驱动,圆柱坐标结构的径向驱动和垂直升降驱动,以及球坐标结构的径向伸缩驱动。

直线传动装置有齿轮齿条传动、滚珠丝杠传动等。齿轮齿条传动装置的齿条通常是固定的,齿轮的旋转运动转换成托板的直线运动,如图 2-14 所示。这种装置的优点是结构简单、传递的动力和功率大、传动比大且精确、稳定可靠;但要求较高的安装精度,且回差较大。滚珠丝杠副传动装置由丝杠和螺母构成,在丝杠和螺母的螺旋槽内嵌入滚珠,并通过螺母中的导向槽使滚珠连续循环,如图 2-15 所示。其优点是摩擦力小、传动效率高、精度高,缺点是制造成本高、结构较复杂。

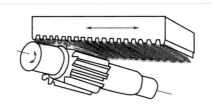

图 2-14 齿轮齿条传动装置

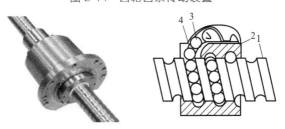

图 2-15 滚珠丝杠副传动装置
1—丝杠;2—螺母;3—滚珠;4—导向槽

（2）旋转传动机构

机器人常用的旋转传动机构有齿轮链、同步带、谐波齿轮传动和 RV 摆线针轮减速器等。

1）齿轮链传动机构　通过链条将主动链轮的运动传递到从动链轮，如图 2-16 所示。这种传动方式具有传递能量大、过载能力强、平均传动比准确的优点，但是稳定性差、传动元件易磨损、易跳齿，因此在焊接机器人中应用较少。

2）同步带传动机构　同步带传动是一种啮合型带传动，利用传动带内表面上等距分布的横向齿和带轮上的对应齿槽之间的啮合来传递运动，如图 2-17 所示。它是摩擦型带传动和链传动的复合形式，具有无滑动、传动

图 2-16　齿轮链传动

平稳、缓冲作用好、噪声小、成本低、重复定位精度高、传动比大、传动速度快等优点，因此在机器人中应用较多。其缺点是安装精度要求高且具有一定的弹性变形。

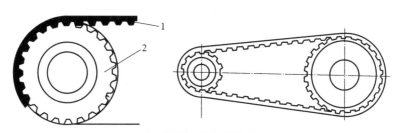

图 2-17　同步带传动
1—同步链；2—同步轮

3）谐波齿轮减速器　谐波齿轮由刚性内齿轮（简称刚轮）、波发生器和柔性外齿轮（简称柔轮）三个主要部件组成。波发生器装在柔轮的内部，由呈椭圆形的凸轮和其外圈的柔性滚动轴承组成，如图 2-18 所示。一般情况下刚轮固定，谐波发生器作为主动件驱动柔轮旋转，运动过程中柔轮可产生一定的径向弹性变形。由于刚轮的内齿数多于柔轮的外齿数，因此谐波发生器转动时，在凸轮长轴方向上的刚轮内齿与柔轮外齿正好完全啮合；而在短轴方向上，外齿与内齿全脱开。这样，柔轮

的外齿将周而复始地依次啮入、啮合、啮出刚轮的内齿。柔轮齿圈上任意一点的径向位移按照正弦波形规律变化，所以这种传动称为谐波传动，这种齿轮组合成为谐波齿轮减速器。其传动比等于柔轮齿数除以刚轮与柔轮齿数之差。

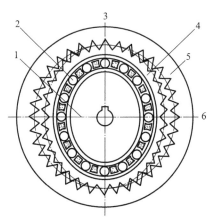

图 2-18   谐波齿轮

1—椭圆凸轮；2—柔性轴承；3—凸轮长轴；4—柔性外齿轮；

5—刚性内齿轮；6—凸轮短轴；7—波发生器

这种传动方式的优点是传动比大（单级 60～320）、体积小、传动平稳、噪声小、承载能力大、传动效率高（70%～90%）、传动精度高（是普通齿轮传动的 4～5 倍）、回差小（小于 3′）、便于密封、维修和维护方便。缺点是不能获得中间输出，而且柔轮刚度较低。谐波齿轮减速器在工业机器人中应用非常广泛，主要用在机器人手腕关节上。

4）RV 摆线针轮减速器   RV 减速器由两级减速机构组成。第一级减速机构为渐开线圆柱齿轮行星减速机构，如图 2-19 所示，输入齿轮将伺服电动机的转动传递到直齿轮上，减速比为输入齿轮和直齿轮的齿数比。第二级减速机构为摆线针轮行星减速机构，如图 2-20 所示。与曲柄轴直接相连的直齿轮是第二级减速机构的输入端。在曲柄轴的偏心部位通过滚针轴承安装了 2 个 RV 齿轮。而在外壳内侧装有一个比 RV 齿轮数多一个针齿的且呈等距排列的齿槽，如图 2-21 所示。图 2-22 为 RV 摆线针轮减速器的装配图。

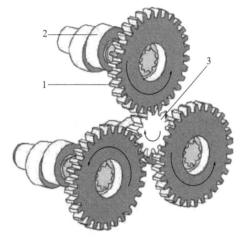

图 2-19　RV 摆线针轮减速器的圆柱齿轮行星减速机构
1—直齿轮；2—曲柄轴；3—输入齿轮

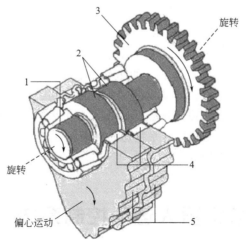

图 2-20　RV 摆线针轮减速器的摆线针轮行星减速机构
1—曲柄轴；2—偏心轴；3—直齿轮；4—滚针轴承；5—RV 齿轮

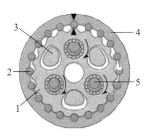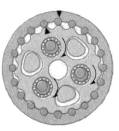

(a) 曲柄轴旋转角度0°          (b) 旋转角度180°          (c) 旋转角度360°

图 2-21  RV 齿轮数与齿槽的配合

1—RV 齿轮；2—针齿槽；3—传动轴；4—外壳；5—曲柄轴与直齿轮连接

图 2-22  RV 减速机装配图

曲柄轴旋转一次，RV 齿轮与针齿槽接触的同时做一次偏心运动，使得 RV 齿轮沿曲柄轴旋转方向的反方向旋转一个齿的距离。

这种减速器同时啮合的齿轮数较多，所以具有结构紧凑、体积小、扭矩大、刚性好、传动比范围大、精度高、回程间隙小、惯性小、耐过载冲击荷载能力强等优点。另外，由于齿隙小、惯性小，所以具有良好的加速性能，易于实现平稳运转和良好的定位精度。这种减速器目前广泛用于机器人的各个关节上。

# 2.3  焊接机器人运动控制系统

焊接机器人是多关节机器人，难以对末端执行机构进行直接控制，只能通过控制各关节的运动来实现对末端操作器的运动控制。每个关节的运动由一个伺服控制系统来完成，各个伺服系统协同工作合成机器人末端操作器的运动。因此机器人的控制需要两个层次的控制，如图2-23所示。第一个层次是各个关节电动机的伺服控制。第二个层次是各个关节运动的协调控制，通常由上位计算机来实现。上位机除了协调各个关节的运动以实现预期轨迹外，还实现人机交互并完成其他管理任务。

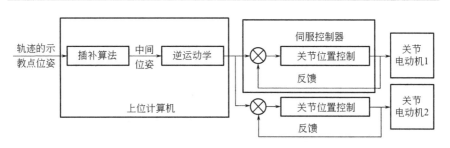

图 2-23　机器人运动控制系统框图

（1）关节的伺服控制

无论是点位运动控制还是连续轨迹运动控制，焊接机器人均是通过控制各时刻的位置来实现的，因此各个关节的运动控制系统实际上是位置控制系统。在此基础上，机器人还采用传感器对实际的位置或运动进行实时检测，通过反馈控制来提高运动精度，使机器人末端操作器准确地实现期望的位姿和轨迹。焊接机器人的所有关节均为旋转关节，其位置控制为角位置控制。图2-24给出了典型机器人关节角位置闭环控制系统框图。$\theta_g$为关节角给定值，由上位计算机通过逆运动学求出。通过三环结构并利用一定的算法计算出关节角增量值，控制驱动元件运动，准确实现期望的位置。

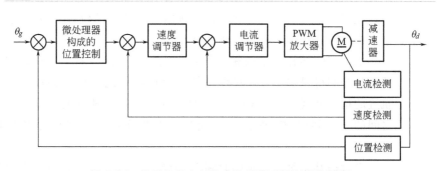

图 2-24　典型机器人关节角位置闭环控制系统框图

位置控制器采用的控制算法有 PID 控制、变结构控制、自适应控制等。焊接机器人伺服控制器主要采用了 PID 控制，即比例、积分、微分控制，它是最常用的一种控制算法。变结构控制指控制系统中具有多个控制器，根据一定的规则在不同的情况下采用不同的控制器。自适应控制是指系统检测到不确定的干扰后自动按照某一控制策略做出相应的调整，自动适应外界环境条件的变化，使系统输出量性能指标达到并保持最优。

（2）关节运动合成控制

各个关节伺服控制系统控制各个关节，使其关节角达到期望值。上位计算机控制要解决的问题就是确定机器人各个关节的期望的关节角。下面以示教型机器人为例说明其工作原理。

焊接前，利用示教盒将焊接过程中焊枪应走的轨迹示教给机器人。首先需要操作人员把复杂的轨迹曲线分解成多段直线和圆弧，然后再对这些直线和圆弧进行示教。直线仅需要示教两个特征点，即始点和终点；圆弧需要示教三个点。示教完成并存储示教程序后，机器人就记住了示教的这些点。机器人记下的示教点坐标为直角坐标系（基坐标系）下的坐标，机器人控制器进行逆运动学计算，求出各个关节的关节角，作为关节角给定值 $\theta_d$ 输出给位置闭环控制系统。轨迹上的其他各点由上位计算机通过直线插补或圆弧插补算法求出，计算出的插补点的坐标也是直角坐标系（基坐标系）下的坐标，也需要机器人控制器进行逆运动学计算，求出各个关节的关节角，作为关节角给定值 $\theta_d$ 输出给位置闭环控制系统。不断重复这种计算，求出运动轨迹上的各个点对应的关节角，由关节角位置闭环控制系统予以实现，从而实现期望的轨迹。上位计算机控制系统计算点列并生成轨迹的这种过程叫插补。显然，机器人实际运动轨迹的连续性、平滑性和精度取决于两个插补点之间的距离，两个插补点之间的距离越小，实际运动轨迹越逼近期望的轨迹，轨迹误差越小。常用的插补方法有两种：定距插补和定时插补。

所谓定距插补就是两相邻插补点之间距离保持不变。只要把这个插补距离控制得足够小，就可保证轨迹精度，因此这种插补算法容易保证轨迹的精度和运动的平稳性。但是，如果机器人速度发生变化，插补点之间的时间间隔 $T_s$ 就要发生变化，因此这种方法实现起来要相对难一些。

定时插补是每隔一定的时间 $T_s$ 计算一个插补点，即任何两个相邻的插补点之间的时间间隔是固定的。该时间间隔 $T_s$ 的长短对于运动轨迹精度和运动的平稳性具有重要的影响。焊接机器人的 $T_s$ 一般不能超过 25ms，否则不能保证运动的平稳性。$T_s$ 越小越好，但由于机器人要在 $T_s$ 进行一次插补运算和一次运动学逆运算，因此它受到上位计算机计算速度的限制。两个插补点 $P_i$、$P_{i+1}$ 之间的空间距离等于机器人运动速度乘以 $T_s$，因此机器人运动速度对于运动轨迹的精度也具有重要的影响，一定的 $T_s$ 下，运动速度越大，两个插补点之间的距离越大，运动轨迹精度和运动平稳性越差。因此，定时插补不适用于高速运动的机器人。这种插补方法易于实现，因此在运动速度不快的焊接机器人上得到了普遍应用。

（3）插补算法

机器人基本的运动轨迹有直线轨迹和圆弧轨迹两种，其他非直线或非圆弧轨迹均可利用这两种来逼近，因此计算插补点的算法有直线插补法和圆弧插补法两种。

1）直线插补算法　直线插补算法如图 2-25 所示。已知空间直线的起始点 $P_0$ 坐标为 $(x_0, y_0, z_0)$，终点 $P_e$ 坐标为 $(x_e, y_e, z_e)$ 和插补次数 $N$，则插补点在各个轴上的增量为：

$$\Delta x = \frac{(x_e - x_0)}{N+1} \tag{2-1}$$

$$\Delta y = \frac{(y_e - y_0)}{N+1} \tag{2-2}$$

$$\Delta z = \frac{(z_e - z_0)}{N+1} \tag{2-3}$$

其中，插补次数可利用始点到终点的长度 $L$ 及插补点之间的间距 $d$ 来计算，计算公式如下：

$$N = \text{int}\left(\frac{L}{d}\right) \tag{2-4}$$

$$L = \sqrt{(x_e - x_0)^2 + (y_e - y_0)^2 + (z_e - z_0)^2} \tag{2-5}$$

对于定距插补，$d$ 就是插补间距；对于定时插补：

$$d = vT_s$$

式中，$v$ 为机器人运动速度，$T_s$ 为定时插补的时间间隔。

各个插补点的坐标可用下式计算：

$$\begin{cases} x_{i+1} = x_i + \Delta x \\ y_{i+1} = y_i + \Delta y \quad (i=1,2,\cdots,N) \\ z_{i+1} = z_i + \Delta z \end{cases} \tag{2-6}$$

2）平面圆弧插补　平面圆弧插补是指圆弧所在平面与基坐标轴三个基准平面（即 $XOY$ 平面、$YOZ$ 平面或 $ZOX$ 平面）之一平行或重合。下面以 $XOY$ 平面为例进行说明。已知圆弧上的三个点 $A(x_A，y_A，z_A)$、$B(x_B，y_B，z_B)$、$C(x_C，y_C，z_C)$，其方向为顺时针方向，可求出其圆心位置、起始角圆弧半径和圆弧的圆心角，如图 2-26 所示。

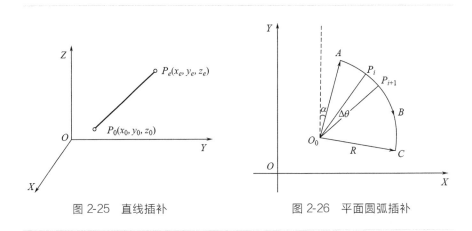

图 2-25　直线插补　　　　　　　图 2-26　平面圆弧插补

假设圆心 $O_0$ 的坐标为（$x_0$，$y_0$，$z_0$），由于 $AO_0 = BO_0$，则有：

$$\sqrt{(x_A-x_0)^2+(y_A-y_0)^2+(z_A-z_0)^2}=\sqrt{(x_B-x_0)^2+(y_B-y_0)^2+(z_B-z_0)^2}$$
(2-7)

由于 $AO_0 = CO_0$，则有：

$$\sqrt{(x_A-x_0)^2+(y_A-y_0)^2+(z_A-z_0)^2}=\sqrt{(x_C-x_0)^2+(y_C-y_0)^2+(z_C-z_0)^2}$$
(2-8)

由于 $A(x_A，y_A，z_A)$、$B(x_B，y_B，z_B)$、$C(x_C，y_C，z_C)$ 三点不同线，则有：

$$\begin{bmatrix} x_0 & y_0 & z_0 & 1 \\ x_A & y_A & z_A & 1 \\ x_B & y_B & z_B & 1 \\ x_C & y_C & z_C & 1 \end{bmatrix}=1$$
(2-9)

由式（2-7）～式（2-9）可求出（$x_0$，$y_0$，$z_0$），进而可由下式求出 $R$：

$$R=|AO_0|=\sqrt{(x_A-x_0)^2+(y_A-y_0)^2+(z_A-z_0)^2}$$
(2-10)

起始角 $\alpha$ 由下式求出：

$$\alpha = \arcsin\left(\frac{x_A - x_0}{R}\right) \quad (2\text{-}11)$$

圆弧的圆心角 $\theta$ 为：

$$\theta = \arccos\left[\frac{-(x_B - x_A)^2 - (y_B - y_A)^2 + 2R^2}{2R^2}\right] +$$

$$\mathrm{acrcos}\left[\frac{-(x_C - x_B)^2 - (y_C - y_B)^2 + 2R^2}{2R^2}\right] \quad (2\text{-}12)$$

对于定距插补，$\Delta\theta$ 为设定的角位移增量；对于定时插补，$\Delta\theta = \frac{T_s v}{R}$，$v$ 为沿着圆弧的运动速度。

插补次数 $N = \frac{\theta}{\Delta\theta}$。

求出上述数据后，则起点 $A$ 的坐标可表示为：

$$\begin{cases} x_A = x_0 + R\sin\alpha \\ y_A = y_0 + R\cos\alpha \\ Z_A = z_0 \end{cases} \quad (2\text{-}13)$$

终点 $C$ 的坐标可表示为：

$$\begin{cases} x_C = x_0 + R\sin(\alpha + \theta) \\ y_C = y_0 + R\cos(\alpha + \theta) \\ Z_C = z_0 \end{cases} \quad (2\text{-}14)$$

圆弧 $AB$ 上任何其他插补点的坐标可用下式求出：

$$\begin{cases} x_i = x_0 + R\sin(\alpha + i\Delta\theta) \\ y_i = y_0 + R\cos(\alpha + i\Delta\theta) \qquad (i = 1, 2, \cdots, N) \\ z_i = z_0 \end{cases} \quad (2\text{-}15)$$

3）空间圆弧插补　空间圆弧插补是指圆弧所在平面不在基坐标轴三个基准平面（即 $XOY$ 平面、$YOZ$ 平面或 $ZOX$ 平面）的任何一个平面上，也不平行于这三个基准平面。这种情况下，先建立一个中间坐标系，将空间圆弧转化为平面圆弧，再利用平面圆弧插补方法求出各个插补点坐标，最后再通过坐标变换转化成基坐标系下的坐标。

已知圆弧上的三点为 $P_1(x_1, y_1, z_1)$、$P_2(x_2, y_2, z_2)$、$P_3(x_3, y_3, z_3)$，按照与平面圆弧插补类似的方法可确定其圆心和半径。

假设圆心 $O_R$ 的坐标为 $(x_0, y_0, z_0)$，由于 $P_1 O_R = P_2 O_R$，则有：

$$\sqrt{(x_1 - x_0)^2 + (y_1 - y_0)^2 + (z_1 - z_0)^2} = \sqrt{(x_2 - x_0)^2 + (y_2 - y_0)^2 + (z_2 - z_0)^2}$$

$$(2\text{-}16)$$

由于 $P_1O_R = P_3O_R$，则有：

$$\sqrt{(x_1-x_0)^2+(y_1-y_0)^2+(z_1-z_0)^2} = \sqrt{(x_3-x_0)^2+(y_3-y_0)^2+(z_3-z_0)^2}$$

(2-17)

由于 $P_1(x_1, y_1, z_1)$、$P_2(x_2, y_2, z_2)$、$P_3(x_3, y_3, z_3)$ 三点不同线，则有：

$$\begin{bmatrix} x_0 & y_0 & z_0 & 1 \\ x_1 & y_1 & z_1 & 1 \\ x_2 & y_2 & z_2 & 1 \\ x_3 & y_3 & z_3 & 1 \end{bmatrix} = 1$$

(2-18)

由上面三式可求出 $(x_0, y_0, z_0)$，进而可由下式求出 $R$：

$$R = |P_1O_R| = \sqrt{(x_1-x_0)^2+(y_1-y_0)^2+(z_1-z_0)^2}$$ (2-19)

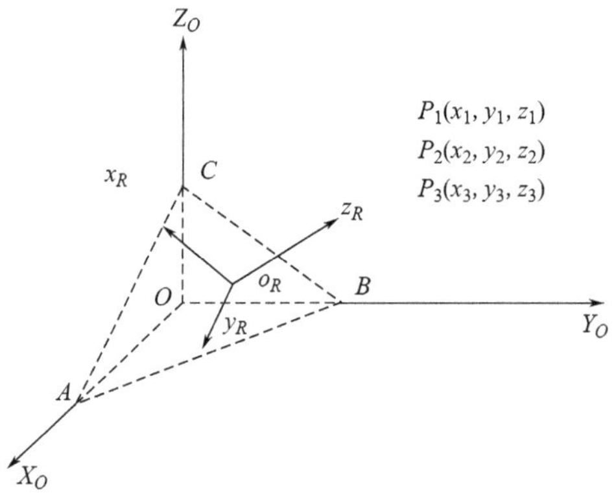

图 2-27 空间曲线插补

以 $O_R$ 为坐标原点建立一个中间坐标系 $O_R - X_RY_RZ_R$，以 $P_1(x_1, y_1, z_1)$、$P_2(x_2, y_2, z_2)$、$P_3(x_3, y_3, z_3)$ 三点所确定平面的外法线方向为 $Z_R$ 轴，设定 $X_R$ 轴与 $X_O$ 之间的夹角为 $\theta$，如图 2-27 所示。可求出：

$$\cos\theta = \frac{B}{\sqrt{A^2+B^2}}$$ (2-20)

$$\sin\theta = \frac{-A}{\sqrt{A^2+B^2}}$$ (2-21)

式中，$A$、$B$、$C$ 分别为圆弧所在平面在基坐标系三个轴上的截距。

利用 $P_1(x_1, y_1, z_1)$、$P_2(x_2, y_2, z_2)$、$P_3(x_3, y_3, z_3)$ 三点的坐标可求出 $Z_R$ 轴在基坐标系中的单位矢量，进而求出 $Z_R$ 轴和 $Z_O$ 轴的夹角 $\alpha$ 的正弦和余弦。

$$\cos\alpha = \frac{C}{\sqrt{A^2+B^2+C^2}}$$ (2-22)

$$\sin\alpha = \frac{\sqrt{A^2+B^2}}{\sqrt{A^2+B^2+C^2}} \cdot \frac{A}{|A|} \quad (2\text{-}23)$$

将中间坐标系的原点 $O_R$ 平移到基坐标系的原点 $O$ 上，再绕 $Z_R$ 轴旋转 $\theta$ 角，最后再绕 $X_R$ 轴旋转 $\alpha$ 角，则 $O_R - X_R Y_R Z_R$ 与 $O - X_O Y_O Z_O$ 坐标系重合，因此由 $O_R - X_R Y_R Z_R$ 向 $O - X_O Y_O Z_O$ 坐标系转换的矩阵为：

$$_R^O T = \text{Trans}(x_0, y_0, z_0)\text{Rot}(z, \theta)\text{Rot}(x, \alpha) = \begin{bmatrix} \cos\theta & -\sin\theta\cos\alpha & \sin\theta\cos\alpha & x_0 \\ \sin\theta & \cos\theta\sin\alpha & -\cos\theta\sin\alpha & y_0 \\ 0 & \sin\alpha & \cos\alpha & z_0 \\ 0 & 0 & 0 & 1 \end{bmatrix}$$

$$(2\text{-}24)$$

进行平面圆弧插补前，需要先将基坐标系 $O - X_O Y_O Z_O$ 下坐标变换为 $O_R - X_R Y_R Z_R$ 坐标系下的坐标，因此需要求出 $_O^R T$ 矩阵。

$$_O^R T = {_R^O T}^{-1} = \begin{bmatrix} \cos\theta & \sin\theta & 0 & -(x_0\cos\theta + y_0\sin\theta) \\ -\sin\theta\cos\alpha & \cos\theta\cos\alpha & \sin\alpha & -(x_0\sin\theta\cos\alpha + y_0\cos\theta\cos\alpha + z_0\sin\alpha) \\ \sin\theta\sin\alpha & -\cos\theta\sin\alpha & \cos\alpha & -(x_0\sin\theta\sin\alpha + y_0\cos\theta\sin\alpha + z_0\cos\alpha) \\ 0 & 0 & 0 & 1 \end{bmatrix}$$

$$(2\text{-}25)$$

这样，可按如下步骤进行空间圆弧插补：

首先，将三个示教点在基坐标系中的坐标转换为中间坐标系中的坐标。

$$P_{Ri} = \begin{bmatrix} x_{Ri} \\ y_{Ri} \\ 0 \\ 1 \end{bmatrix} = {_O^R T} \begin{bmatrix} x_i \\ y_i \\ z_i \\ 1 \end{bmatrix} \quad (i = 1, 2, 3) \quad (2\text{-}26)$$

然后，在 $O_R - X_R Y_R Z_R$ 坐标系下按照前面所述进行平面圆弧插补。

最后，将插补点 $P_j$ 的坐标转换为基坐标系中的坐标。

$$P_j = \begin{bmatrix} x_j \\ y_j \\ z_j \\ 1 \end{bmatrix} = {_R^O T} \begin{bmatrix} x_{Rj} \\ y_{Rj} \\ 0 \\ 1 \end{bmatrix} = {_O^R T} \quad (j = 1, 2, 3, \cdots, N) \quad (2\text{-}27)$$

第3章

焊接机器人
传感技术

　　机器人通过传感系统实现精确的运动控制并感知外界条件变化。机器人必须控制末端操作器平稳地运动，而且要保证精确的运动轨迹、运动速度和加速度等，而焊接机器人的运动是通过各个关节（各个轴）伺服系统的运动合成的，为此，各个关节的伺服系统均采用了位置、速度及加速度三闭环控制模式。这种闭环控制要求使用测量位置、速度及加速度的传感器。在机械手驱动器中都装有高精度角位移传感器、测速传感器。另外，机器人也需要和人一样收集周围环境的大量信息，才能高效高质量地工作。例如，机器人手臂在空间运动过程中必须避开各种障碍物，并以一定的速度接近工作对象，这就需要机器人进行识别并决策；再如，弧焊机器人需要在焊件上沿接缝运动，如果没有感觉能力，其运行轨迹易出现误差，影响焊接质量，因此，弧焊机器人上还需要设置感知系统，如焊缝自动跟踪系统。

# 3.1　内部传感器

　　内部传感器是机器人用于内部反馈控制的传感器，这类传感器主要有位置传感器、速度传感器、加速度传感器等。

## 3.1.1　位置传感器

　　位置传感器用来测量关节的角位移或线位移，也可用来测量速度，机器人中常用的位移传感器有电阻式位移传感器和编码器两种。

### （1）电阻式位移传感器

　　电阻式位移传感器把位置变化转变为电阻值的变化，其基本原理如图 3-1 所示。这类传感器有直线式 ［图 3-1（a）］ 和旋转式 ［图 3-1（b）］ 两种。电阻式位移传感器实际上就是高精度滑动变阻器，被测量对象的位移导致滑动触头移动，触头的移动距离正比于被测对象的移动距离，这样触头变化前后的电阻值与总电阻之比就反映了位置变化量，而阻值的增加或减小可指示位移的方向。通常在电位器两端施加一定大小的电源电压，通过测量滑动端电压信号的变化来反映电阻的变化，如图 3-2 所示。电阻式位移传感器的输出信号 $V_{\text{out}}$ 可用下式计算：

$$V_{\text{out}} = V_p \frac{R_i}{R} = V_p \frac{x}{x_p}$$

　　式中，$V_p$ 为电源输入电压；$R$ 为传感器的总电阻；$R_i$ 为反映位移量的电阻；$x_p$ 为最大位移；$x$ 为位移量。

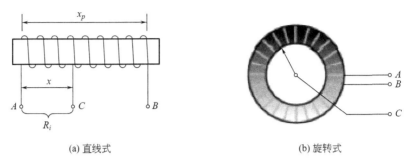

(a) 直线式                    (b) 旋转式

图 3-1　电阻式位移传感器原理

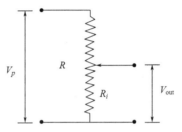

图 3-2　电阻式位移传感器输出信号

作为位移传感器的滑动变阻器通常使用导电塑料式电阻器（也称喷镀薄膜式），这种电阻器的优点是输出连续、精度高、噪声低，可通过对输出电压进行微分来实现速度的检测。普通的绕线式电阻器的电阻变化不连续，测量精度低，不能进行微分计算。

电阻式位移传感器常用来检测关节或连杆的位置，既可以单独使用，又可以与编码器联合使用。与编码器联合使用可显著提高检测精度并降低输入要求，电位器负责检测起始位置，而编码器负责检测运动过程中的当前位置。图 3-3 为典型的电阻式位移传感器实物图。

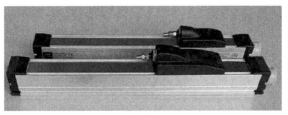

(a) 直线式                              (b) 旋转式

图 3-3　电阻式位移传感器实物图

（2）光电编码器

光电编码器是焊接机器人关节最常用的位置传感器，是一种通过光电转换原理将位移量转变为电脉冲信号的装置，有旋转式和直线式两种，前者称为码盘，如图3-4（a）所示；后者称为码尺，如图3-4（b）所示。焊接机器人上只使用旋转式编码盘。根据工作原理的不同，旋转编码器可分为增量式和绝对式两类。

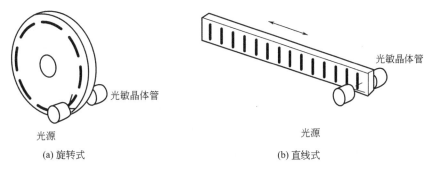

(a) 旋转式　　　　　　　　　　　　　　　　(b) 直线式

图 3-4　光电编码器类型

增量式光电编码器是由光栅盘、指示盘、机体、发光器件和感光器件等组成，如图3-5所示。光栅盘是一个开有放射状长孔的金属盘，或涂有放射长条状挡光涂层的透明塑料盘或玻璃盘。两个相邻透光孔之间的间距称为一个栅节，栅节的总数量称为脉冲数，是衡量光栅分辨率的指标。机体是用于安装光栅盘、指示盘、发光器件和感光器件等部件的

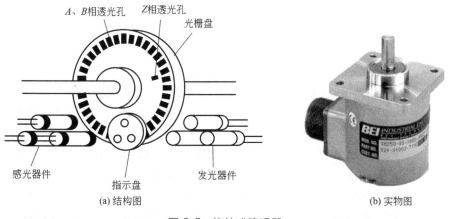

(a) 结构图　　　　　　　　　　　　　　　　　　(b) 实物图

图 3-5　旋转式编码器

壳体。发光器件通常采用红外发光管；感光器件通常采用硅光电池和光敏三极管等高频光敏元件。光栅盘与电动机同轴安装，工作时电动机带动光栅盘同速旋转；发光器件在光栅盘一侧投射一束红外光线，感光器件检测到透过光栅孔的光线后，输出与透光孔数量相同的脉冲信号。通过计量每秒内光电编码器输出的脉冲数量即可得到当前电动机的角位移和转速。

编码器利用两套光电转换装置输出相位差为 $90°$ 的方波脉冲 $A$、$B$ 相，用于判断旋转方向。当顺时针方向转动时，$A$ 相信号导前 $B$ 相信号 $90°$；逆时针方向旋转时，$A$ 相信号滞后 $B$ 相信号 $90°$。另外，增量式编码器还设置一个 $Z$ 相脉冲，它为单圈脉冲，每转一圈发出一个脉冲，用于基准点定位。增量式编码器的优点是结构简单、使用寿命长（机械平均寿命可在几万小时以上）、抗干扰能力强、可靠性好、精度高；其缺点是不能输出电动机转动的绝对位置信息。通常需要利用一个接近开关来检测机械零位，如果电动机带动机械装置触发了接近开关，则系统认为达到了零位，以该位置作为参考计算每一时刻的位置。

绝对式光电编码器直接输出表征位移量大小的数字量。它由多路光源（一般为发光二极管）、光电码盘和光敏元件构成。编码盘与伺服电动机同轴安装，码盘的一侧布置光源，而对应每一码道在另一侧布置一光敏元件，典型结构如图 3-6 所示。码盘上设有若干同心码道，每条码道由透光和不透光扇形区相间布置。码道越多，精度越高。对于一个 $N$ 位二进制编码器，其码盘应有 $N$ 条码道。一个圆周方向上的扇形区数量称为扇面数，扇面数越大，分辨率越高。图 3-7 示出了十六扇面四码道码盘及其与光电元件的布置。带动码盘旋转某

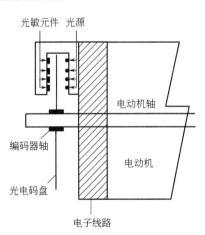

图 3-6 绝对式光电编码器的结构

一特定位置时，每个光敏元件会输出相应的电平信号。正对着透明区域的光敏元件导通，输出低电平信号，表示二进制的"0"，而正对着不透明区域的光敏元件截止，输出高电平信号。所有光敏元件输出的二进制信号都构成一个 $N$ 位二进制数，指示了当前位置。这种编码器无需计数器，转轴的每一位置都有一个与位置相对应的数字码。

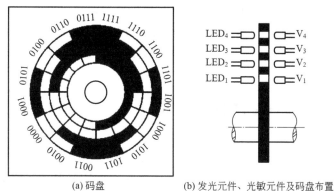 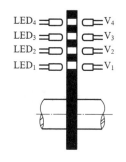

(a) 码盘　　　　　(b) 发光元件、光敏元件及码盘布置

图 3-7　绝对式光电编码器码盘

绝对式编码器的优点是直接输出指示位置的数字，没有累积误差，掉电后位置信息不会丢失。

## 3.1.2　速度传感器和加速度传感器

速度传感器用来检测机器人关节的运动速度。在使用光电编码器作位置传感器时通常无须使用速度传感器，因为利用单位时间间隔内的角位移可直接计算出机器人的运动速度。时间间隔越短，计算出的速度越接近于真实的瞬时速度。但是如果运动速度很慢，这种速度测量精度就会很低。在这种情况下，一般需要利用测速发电机作为速度传感器。

测速发电机是将速度变换成电压信号的装置，其原理如图 3-8 所示。

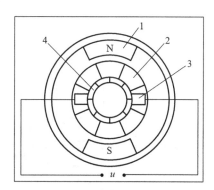

图 3-8　测速发电机原理图

1—永久磁铁；2—转子线圈；3—电刷；4—整流子

输出电压 $u$ 与测量的速度 $n$ 成正比。将测速发电机的转子与机器人关节伺服驱动电动机驱动轴同轴连接，即可测出机器人关节的转动速度。

加速度传感器是测量机器人关节加速度的装置。工业机器人的运动速度和加速度通常较小，因此一般不使用加速度传感器。

# 3.2　外部传感器

外部传感器是检测机器人所处环境及状况的传感器。焊接机器人利用这类传感器检测外部环境条件的变化，并用根据这种变化情况调整或校正焊接工艺参数，确保焊接质量。

## 3.2.1　接近传感器

接近传感器用于感知焊接机器人与外围设备之间的接近程度，以避开障碍并防止冲撞。通常采用非接触型传感器，主要类型有电涡流式、光电式、超声波式及红外线式等。

（1）电涡流式接近传感器

电涡流式接近传感器是依据交变磁场在金属体内引起感应涡流，而涡流大小随金属体表面离线圈的距离而变化进行测量的，如图 3-9 所示。这种传感器由探头线圈、振荡器、检测电路和放大器等组成，如图 3-10 所示。高频振荡器产生的高频电流经过延伸电缆导入探头线圈，探头线

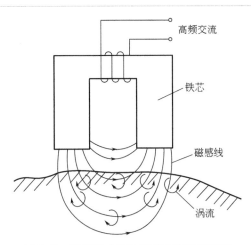

图 3-9　电涡流式接近传感器的测量原理

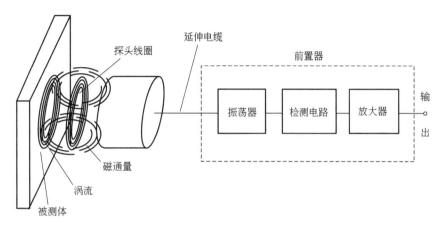

图 3-10　电涡流式接近传感器的原理

圈产生高频交变磁场，交变磁场在金属体内感应出涡流，而涡流会产生一个方向与探头线圈感应磁场方向相反的交变磁场。该涡流交变磁场使探头线圈的高频电流幅度和相位发生改变，即线圈的有效阻抗发生变化，其变化量反映了探头线圈到金属导体表面距离的大小。检测电路将线圈阻抗 $Z$ 的变化转化成电压或电流信号的变化，并通过放大器放大后输出。输出信号的大小就反映了探头到被测体表面的间距。

电涡流式接近传感器可用作接近开关，也可以用作测距传感器。用作接近开关时输出开关量信号，安装时一般需要在被测物上安装一磁性金属感应物，金属感应物与传感器接近到一定距离时，传感器发出触发信号，继电器动作，机器人运动停止。用作测距传感器时输出模拟信号，信号大小与距离成线性关系。

（2）光电接近传感器

根据所用的光源不同，光电接近传感器分为激光接近传感器、红外线接近传感器和自然光接近传感器等。

1）激光接近传感器　激光接近传感器由激光发射器和激光接收器等组成，如图 3-11 所示。这种传感器的优点是能实现远距离的无接触测量、速度快、精度高、量程大、抗光电干扰能力强等。

激光接近传感器可用作接近开关，也可用作测距传感器，在焊接机器人中主要用作接近开关。

光电开关分为直接反射式、镜反射式、对射式、光纤式等几种。直接反射式光电开关原理如图 3-12 所示，发射器发出的信号经过被检测物体反射回来，接收器根据接收到的反射光束的变化情况对被检测物进行判断。镜反射式光电开关原理如图 3-13 所示，发射器发出的光线由一个反射镜反射回接收器，出现被检测体时，被检测物阻断光线，接收器接收的反射信号发生变化。对射式光电开关原理如图 3-14 所示，接收器和发射器同轴放置，并直接接收发射器发出的光线，如果被检测物体出现，则被检测物会阻断发射器和接收器之间的光线，接收器接收的光信号会发生变化。光纤式光电开关采用塑料或玻璃光纤来传导激光束，其特点是可对距离远的被检测物体进行检测，其原理如图 3-15 所示。

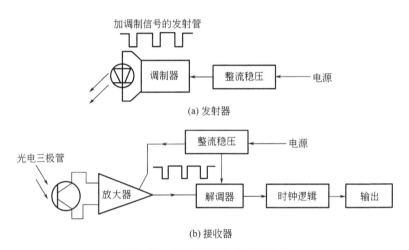

图 3-11　激光接近传感器的组成

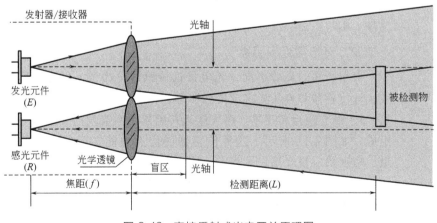

图 3-12　直接反射式光电开关原理图

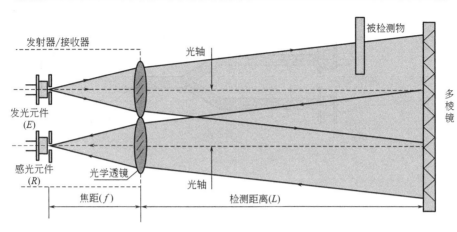

图 3-13 镜反射式光电开关原理图

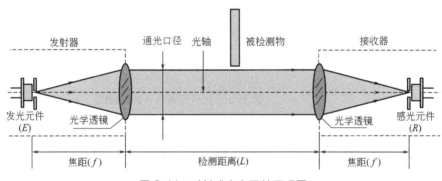

图 3-14 对射式光电开关原理图

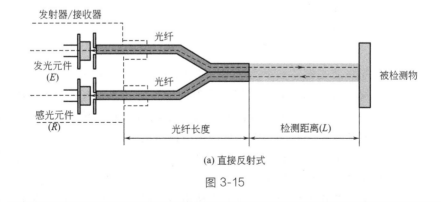

(a) 直接反射式

图 3-15

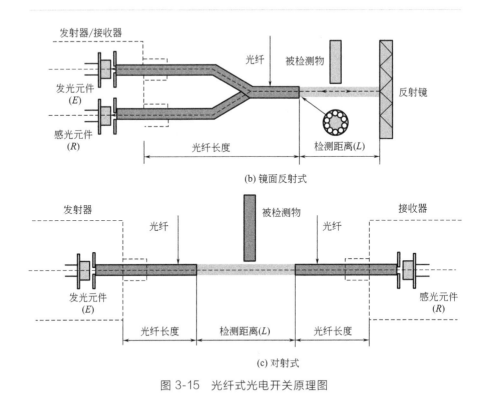

图 3-15　光纤式光电开关原理图

2）红外线接近传感器　红外线接近传感器由红外光发射器和红外光敏接收器组成。红外发光管发射经调制的红外光信号，投射出去后如果遇到被检测物，则反射回来的能量会发生变化，红外光敏元件对接收到的信号进行判断，得出被检测物位置信息。这种传感器具有灵敏度高、响应快、体积小等优点，可装在机器人夹手上，易于检测出工作空间内是否存在某个物体。

（3）超声波接近传感器

超声波是振动频率高于 20kHz 的声波，由于频率高、波长短，因此具有绕射现象小、方向性好、反射回波强等特点。超声波传感器是将超声波信号转换成其他能量信号（通常是电信号）的传感器。超声波接近传感器是根据接收的回波信号产生电信号的一种传感器。

超声波接近传感器原理类似于光电接近传感器，由发送器、接收器和控制器等组成，如图 3-16 所示。根据发射器和接收器的布置形式，分为反射式超声波传感器、对射式超声波传感器，其中反射式应用较多。

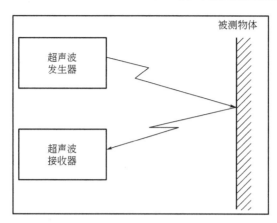

图 3-16  超声波接近传感器组成及基本原理

反射式超声波发射器沿着一定方向发射超声波并同时启动计时器计时，超声波在传播途中碰到被检测物时返回反射波，超声波接收器收到反射波后立即停止计时。接收器中的微处理器计算发射和接收所用的时间 $t$，根据介质中传播速度 $v$ 计算出被检测物的距离 $S=vt/2$ 后，显示距离或发出开关量信号。超声波接近传感器既可用作输出数字量的接近开关，又可用作输出模拟量的测距传感器。

这种传感器的特点是检测速度快、测量精度高、结构简单、使用方便、应用广泛。在弧焊机器人中，超声波接近传感器通常用来测距，一般不用作接近开关。

超声波接近传感器的优点是对环境中的粉尘、被测物的透明度、表面颜色和表面油污均不敏感，其缺点是响应速度较慢，而且环境风速、温度、压力等影响测量精度。如果对测量精度要求非常高，一般不建议采用超声波接近传感器。表 3-1 比较了几种接近传感器的性能特点。

表 3-1  几种接近传感器的性能特点比较

| 传感器类型 | 电涡流式接近传感器 | 光电接近传感器 | 超声波接近传感器 |
|---|---|---|---|
| 检测距离 | 零点几毫米至几十毫米 | 可达 60m | 零点几米至几米，取决于波长 |
| 响应频率 | 可达 10kHz | 1～2kHz | 10～40Hz |
| 误差 | ≤5% | 可达 0.005% | ≤0.6mm |
| 成本 | 低 | 较高 | 高 |
| 环境要求 | 空气、油、水中均可工作，适用温度范围大，周围避免有电磁场 | 环境中粉尘影响大 | 空气介质中使用，其他介质需要调节；风速小于 10m/s 环境下，湿度和温度影响精度 |

## 3.2.2　电弧电参数传感器

电弧电参数主要有焊接电流和电弧电压，这两个焊接工艺参数直接决定了焊接过程的稳定性和焊接质量，机器人在焊接过程中通常需要对其进行实时测量并调控。由于焊接过程的复杂性和多变性，焊接电流、电弧电压传感器要有很强的隔离及抗干扰能力，焊接机器人中通常使用霍尔电流传感器和电压传感器。传感器采集的数据由主控计算机通过数据采集卡进行接收并处理。

霍尔传感器是采用半导体材料制成的磁电转换器件。霍尔闭环电流传感器原理如图 3-17 所示。原边电流 $I_n$（被测量的电流）产生的磁场通过副边线圈的电流 $I_m$ 产生的磁场进行补偿，使得霍尔元件始终检测处于零磁通的状态，当原副边电流产生的磁场达到平衡时，有如下关系式：

$$N_1 \times I_n = N_2 \times I_m \tag{3-1}$$

即副边电流 $I_m = \dfrac{N_1}{N_2} I_n$。由于数据采集卡一般采集电压信号，因此需要在副边电流输出端连接一个测量电阻 $R_m$，将测量电阻两端电压 $U_m$ 作为数据采集卡的电压输入。霍尔电流传感器的使用方法非常简单，将焊接电缆从中心孔中穿过即可。这种传感器属于非接触型传感器，对弧焊电源输出的电流没有任何干扰，测量频率高达 100kHz，转换速度可达 50A/$\mu$s。

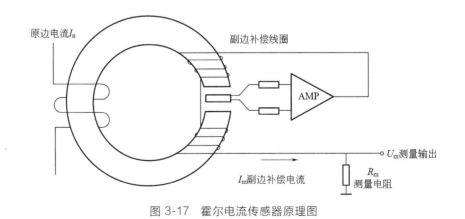

图 3-17　霍尔电流传感器原理图

闭环霍尔电压传感器的工作原理与闭环霍尔电流传感器的工作原理基本相同，唯一的区别是霍尔电压传感器要先把被测电压转化为电流，这需要在输入端接一限流电阻，如图 3-18 所示，原边电流与被测电压之间的比值由这一限流电阻 $R_i$ 确定。电压传感器输出端输出的电流通过电阻 $R_m$ 转变为电压信号输送到数据采集卡中。一般情况下，限流电阻 $R_i$ 较大，电压传感器的输入电流较小，产生的磁场强度也较小，

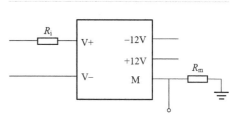

图 3-18　霍尔电压传感器原理图

因此其测量精度对周围磁场比较敏感。在使用过程中，霍尔电压传感器应尽量远离载有焊接电流的电缆，防止焊接电流产生的磁场影响测量精度。霍尔电压传感器的输入端应分别连接焊枪的导电嘴和工件。

## 3.2.3　焊缝跟踪传感器

焊接工件的坡口尺寸和装配不可避免地存在误差，而且在焊接过程中还可能会因热影响而发生难以预见的变化，这种误差或变化超出允许范围后机器人就无法高效、高质地完成任务。采用传感器实时监测相关几何参数并及时对焊接参数做出相应调整的方法可以间接地消除这种不利影响。这种控制分为两大类，一类是通过检测与纠正使得电弧中心线对准坡口中心线，这类控制称为焊缝跟踪控制；另一类是通过检测坡口尺寸变化控制弧焊电源自动适应这种变化，输出适合当前坡口尺寸的电参数，保证焊缝成形质量，这类控制称为焊缝质量控制。目前焊缝跟踪传感器有电弧式、机械接触式、激光视觉式、超声式等。应用较广的是电弧焊缝跟踪传感器和激光视觉传感器。

（1）电弧焊缝跟踪传感器

电弧焊缝跟踪传感器通过检测焊接电弧自身的电信号来计算焊枪摆动中心点（TCP）行走轨迹和预期行走轨迹的偏差，用此偏差来控制电弧摆动装置做出纠正，如图 3-19 所示。图中 $x$-$y$-$z$ 为工件坐标系，$x$ 方向为焊接方向；$o$-$n$-$a$ 为工具坐标系，TCP 为摆动中心，也是工具坐标系的原点；焊枪一方面沿着 $x$ 方向行走，另一方面在工具坐标系中以正弦波轨迹摆动。图 3-19（b）示出了摆动中心预期轨迹点，在理想情况下，工具坐标系的 $a$ 轴位于坡口角的平分线上，摆动轨迹的两个顶点离工件的距离相等。

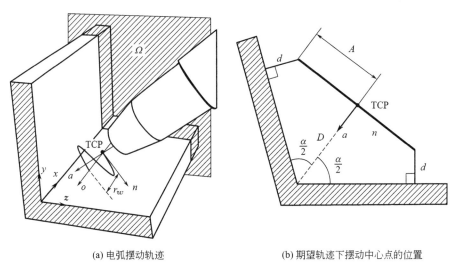

(a) 电弧摆动轨迹        (b) 期望轨迹下摆动中心点的位置

图 3-19 摆动中心点理性轨迹

这种传感器依据的基本原理是焊接电流随着导电嘴到工件距离 $l$ 的变化而变化，可用式（3-2）表示：

$$U = \beta_1 I + \beta_2 + \beta_3 / I + \beta_4 l \qquad (3-2)$$

式中，$U$、$I$、$l$ 分别为电弧电压、焊接电流和弧长；$\beta_1$、$\beta_2$、$\beta_3$ 和 $\beta_4$ 均为常数。熔化极气体保护焊通常采用平特性电源，电弧电压保持不变，因此，由式（3-2）可看出，焊接电流随着弧长的增大而减小。图 3-20 示出了传感原理。电弧沿着横向（垂直于焊枪行走方向）摆动，焊接电流将周期性变化。如果摆动中心位于预期轨迹上，即焊枪行走没有偏差，则电流变化曲线遵循正弦波规律，每 1/4 波内的电流平均值是恒定值（$I_L^* = I_R^* = I^*$），如图 3-20(b) 中的虚线所示。因此利用相邻两个 1/4 波平均电流的偏离量就可判断是否偏离。如果有偏差，则电流变化曲线不再遵循正弦波规律，每 1/4 波内的电流平均值将偏离 $I^*$。图中，$I_L > I_L^*$，$I_R < I_R^*$，说明焊枪摆动到左侧时导电嘴到工件的距离变小，而摆动到右侧时导电嘴到工件的距离变大，焊枪摆动中心点向左偏了。利用该偏差量作为输入信号可以纠正摆动中心点的位置偏差，使得电弧对准坡口中心线。

电弧传感器是目前焊接机器人最常用的实时跟踪传感器。这种传感器具有如下优点：

① 它是一种非接触式传感器，传感精度不受工件表面状态的影响。

② 通过检测电弧本身电流的变化进行控制，因此不受弧光、烟气的影响。

③ 可进行高低和横向两维跟踪。

④ 在焊枪旁不需要附加装置，不占用空间，焊枪的可达性不受影响。

⑤ 成本较低。

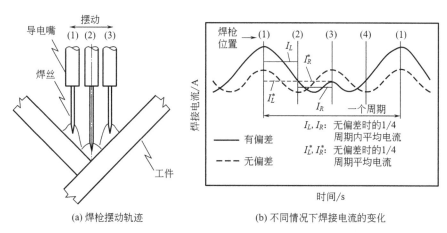

(a) 焊枪摆动轨迹　　　　　　　(b) 不同情况下焊接电流的变化

图 3-20　电弧跟踪传感器原理

　　电弧跟踪传感器主要用于熔化极气体保护焊，要求接头形式为角接、厚板搭接（工件厚度大于 2.5mm）或开有对称坡口（V、U 和 Y 形坡口）的对接，不能用于 I 形坡口对接。其缺点是不能在起弧之前找到焊缝起点，而且影响电弧稳定性的干扰因素都会影响传感器精度。对于短路过渡 $CO_2$ 气体保护焊，焊接电流随着电弧状态变化而变化，需要采取措施保证检测信号的稳定性。

　　图 3-21 示出了电弧跟踪传感器在角接接头焊接中的跟踪效果，无论是高度方向还是水平方向上的位置偏差均得到了很好的纠正。图 3-22 示出了电弧跟踪传感器在管-管马鞍形接头焊接中的跟踪效果，无论是方向还是位置偏差均能得到很好的补偿。

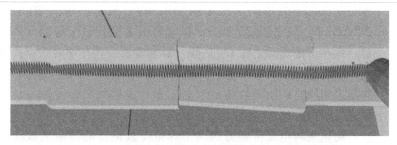

图 3-21　电弧跟踪传感器在角接接头焊接中的跟踪效果

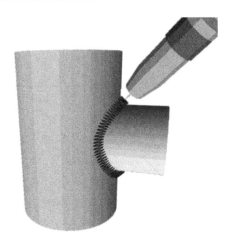

图 3-22　电弧跟踪传感器在管-管马鞍形接头焊接中的跟踪效果

电弧跟踪传感器摆动频率较低，通常小于 $50\,Hz$，因此不能用于高速焊接和薄板的搭接。为了解决这一问题，研究人员提出了高速旋转电弧法，图 3-23 给出了高速旋转电弧法在 TIG 焊中的应用原理。将焊枪固定在偏心齿轮上，利用电动机带动该偏心齿轮旋转，这样电弧将会高速旋转，其旋转频率可达 $100\,Hz$。TIG 焊采用陡降外特性电源，导电嘴到工件距离发生变化时，焊接电流并不发生变化，而电弧电压会发生变化。图 3-23(b) 示出了不同情况下电弧电压在焊枪摆动过程中的变化规律。如果摆动中心位于预期轨迹上［在摆动中心，钨极中心线正好与坡口角等分线重合，如图 3-19(b) 所示］，即焊枪行走没有偏差（$\Delta x = 0$），则电弧电压变化曲线如图 3-23(b) 中的虚线所示，焊枪摆动到熔池前部边缘 $C_f$ 和后部边缘 $C_r$ 时，弧长最长，电弧电压最大；而摆动到熔池左边缘和右边缘时，电弧弧长最短，电弧电压最小。焊枪每摆动一圈，电弧电压波形经历一个周期，而两个半波是相同的。如果焊枪摆动中心偏离理想轨迹，即有偏差（比如偏向右侧），则 $\Delta x \neq 0$，电压变化曲线如图 3-23(b) 中的实线所示，电弧电压最大值相对于熔池前部边缘 $C_f$ 前移，而在熔池尾部边缘 $C_r$ 后移，且在焊枪旋转一圈时，电弧电压变化周期的两个半波是不对称的，即相对于 $C_f$ 点是不对称。通过求出 $C_f$ 点左右两边相同时间间隔内的电弧电压积分就可判断偏差量，利用该偏差量可进行纠偏控制。

高速旋转电弧传感器提高了焊枪位置偏差的检测灵敏度，显著改善了跟踪的精度，而且使快速控制成为可能。

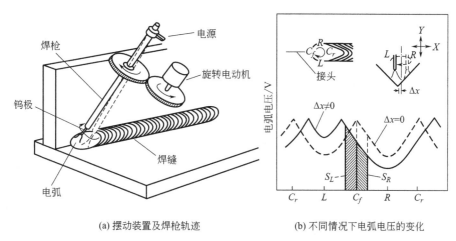

(a) 摆动装置及焊枪轨迹      (b) 不同情况下电弧电压的变化

图 3-23　高速旋转电弧跟踪传感器的原理

## （2）激光视觉传感器

激光视觉传感器是基于三角测量原理的一种传感器，如图 3-24 所示。激光束照射到被测量物体的表面，其反射光束经过成像透镜后在光敏感元件上形成一个像点。激光头与成像透镜的连线称为基准线，两者之间的距离为 $s$，透镜的焦距为 $f$，激光与基准线的夹角为 $\beta$。假设被检测物体在激光器的照射下，反射回位置传感器成像平面的位置为点 $P$。激光头、成像透镜与被检测物组成的三角形相似于成像透镜、成像点 $P$ 与辅助点 $P'$ 组成的三角形。

设 $PP'=x$，则有

$$b=fs/x \qquad (3\text{-}3)$$

$$x=x_1+x_2=f/\tan\beta+\text{pixelSize}\times\text{position} \qquad (3\text{-}4)$$

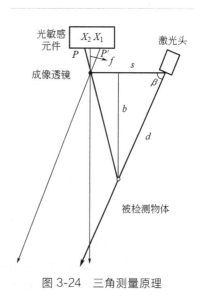

图 3-24　三角测量原理

其中，pixelSize 是像素单位大小；position 是成像点在像素坐标中相对于成像中心的位置。由式（3-3）和式（3-4）可求得距离 $d$：

$$d = b/\sin\beta \tag{3-5}$$

当激光头与被检测物的距离发生变化时，光敏感元件上的像点位置也会相应发生变化，所以根据物像的三角形关系可以计算出高度的变化，因此可测量高度变化量。当激光束以一定轨迹扫描或通过扫描镜片在被检测物的表面投射出线形或其他几何形状的条纹（结构光）时，阵列式光敏元件上就可以得到反映被检测物表面特征的激光条纹图像。而当激光视觉传感器沿着坡口扫描前进时，不仅可得到坡口的轮廓信息，还可判断扫描中心线是否在坡口中心线上，因此可用于坡口定位、焊缝跟踪、坡口尺寸检测、焊缝成形检测等。

根据激光束是否扫描，激光视觉传感器分为结构光式和扫描式两种。结构光式传感器采用束斑尺寸较大的单光面或多光面的激光束和面型的光敏感元件。由于所用激光的功率一般比电弧功率小，通常需要把这种传感器放在焊枪的前面以避开弧光直射的干扰，如图 3-25 所示。这种传感器的缺点是束斑上的光束强度分布难以保证均匀，因此获取的图像质量不高。另外，铝合金、不锈钢、镀锌板等光亮表面会导致二次反射光，二次反射光会对图像造成强烈干扰，这给后续的图像处理带来了极大的困难。

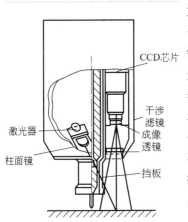

图 3-25　结构光视觉传感器结构

扫描式激光视觉传感器采用束斑直径很小的光束进行扫描成像，因此信噪比很高，反光处理更容易一些。这种传感器一般采用阵列 CCD 器件作为成像器件，如图 3-26 所示。激光头发出的激光经过聚焦透镜聚焦成束斑很小的激光束，经偏转镜偏转后照射到工件上，该偏转镜在电动机的驱动下旋转，使激光束在工件上以一定的角度进行扫描，扫描角度通过角位移传感器进行控制。扫描光束的反射光束经过检测转镜和成像透镜后进入 CCD 阵列，形成能够反映工件坡口几何尺寸及空间位置等信息的图像。这种扫描传感器的景深较大，可达 280mm。由于激光束斑点尺寸不可能很小，其横向分辨率相对较低，通常＞0.3mm。另外，由于采用机械扫描，扫描频率不高，通常只有 10Hz，因此这种传感器主要用于大厚度工件的焊缝跟踪和自适应质量控制。高精度和高速度的跟踪或检测大多采用结构光传感器。

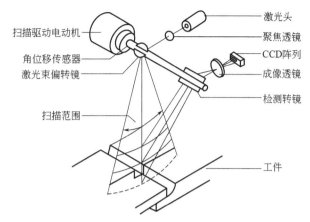

图 3-26　扫描式激光视觉传感器结构及原理图

　　如果将激光视觉传感器的图像敏感元件由模拟 CCD 升级为数字式 CMOS 器件，图像获取帧率可达 $3000\sim10000$ 帧/s，可显著地提高成像质量、传感速度和精度。利用数字化技术，还可通过适当的图像处理算法来消除铝合金、不锈钢、镀锌板等光亮表面二次反射造成的干扰，更清晰地识别焊缝坡口，实现精确的焊缝跟踪的同时，准确地测量接头的间隙、错边和坡口截面积等几何参数，用来进行自适应控制。

　　扫描式激光视觉传感器通常安装在焊枪上，应位于焊丝前面一定的距离，如图 3-27 所示。焊接机器人需要用一个自由度来保证焊枪和传感器实时对中坡口中心。除了与机器人进行机械连接外，传感器还要与机器人控制器通过电气接口进行电气连接，构成完整的传感系统，如图 3-28 所示。

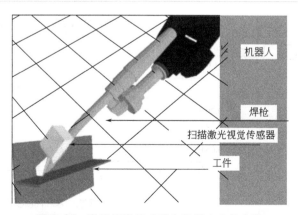

图 3-27　激光视觉传感器在机器人上的安装

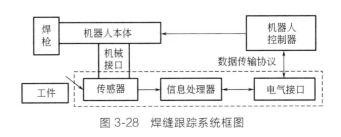

图 3-28 焊缝跟踪系统框图

传感器实时检测焊枪与坡口之间的相对位置，并将检测信息发送给信息处理器进行处理。信息处理器与机器人控制器通过可双向传送信息的电气接口连接。机器人控制器通过接口收到传感信息后结合其他信息进行判断，向机器人本体发出相应的指令，驱动焊枪将电弧对准坡口。

激光视觉传感器不仅可用于机器人焊接过程检测和控制，而且还能用于实时或焊后质量检测。将传感器安装在焊枪后面，对焊缝进行扫描获得焊缝表面的 3D 图像，借助数字技术的图像处理算法，可高速、高精度地计算出焊缝几何形状参数，如熔宽、余高、焊趾角度等，还可检测咬边、焊瘤和表面气孔等缺陷。图 3-29 给出了激光视觉传感器检测出的错边及穿孔缺陷。

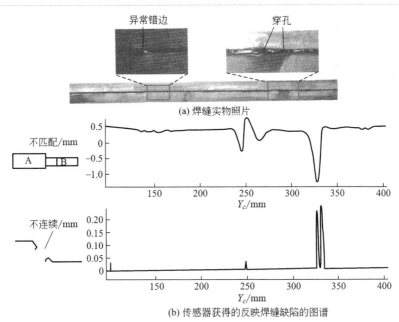

图 3-29 激光视觉传感器检测出错边及穿孔缺陷

第4章

焊接机器
人系统

焊接机器人系统由机器人本体、机器人控制器、焊接系统、变位机及夹持装置、焊接传感系统、安全保护装置及清枪站等组成。机器人焊接工作站或机器人生产线通常由一台或多台焊接机器人、若干台搬运机器人、若干台变位机、若干套焊接系统及统一的机器人控制中心构成。

根据焊接方法的不同，机器人系统分为弧焊机器人系统、电阻焊机器人系统、激光焊机器人系统和摩擦焊机器人系统等。

# 4.1 电阻点焊机器人系统

## 4.1.1 电阻点焊机器人系统组成及特点

点焊机器人系统一般由机器人本体、机器人控制系统、示教盒、点焊钳、气/水管路、电极修磨机及相关电缆等构成，如图4-1所示。通常还需要配有合适的变位机和工装夹具。图4-2示出了机器人本体和点焊钳的典型结构。点焊机器人工作站通常有多台机器人同时工作，图4-3为汽车车身生产线用点焊机器人工作站。

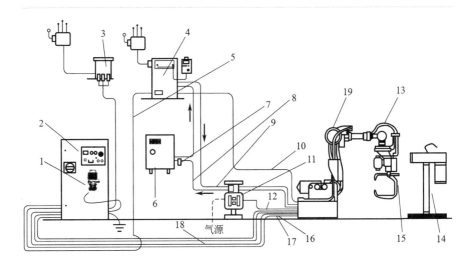

图 4-1　点焊机器人系统结构

1—机器人示教盒；2—机器人控制柜；3—机器人变压器；4—点焊控制箱；5—点焊指令电缆；6—水冷机；
7—冷却水流量开关；8—焊钳回水管；9—焊钳水冷管；10—焊钳供电电缆；11—气/水管路组合体；
12—焊钳进气管；13—手部集合电缆；14—电极修磨机；15—点焊钳；16—机器人控制电缆；
17—机器人供电电缆；18—焊钳（气动/伺服）控制电缆；19—机器人本体

图 4-2 焊接机器人本体
和焊钳的典型结构

图 4-3 汽车点焊机器人工作站

点焊机器人具有如下优点。

① 焊接过程完全自动化,焊接产品质量显著提高,而且质量稳定性和均一性好。

② 焊接生产率高,持续工作时间长,一天可 24h 连续生产。

③ 工人劳动条件好,劳动强度低,对工人操作技术要求显著降低。

④ 柔性好,既适合大批量生产,又适合小批量产品生产。

⑤ 易于实现群控,且可用于编组的生产线上,进一步提高生产率。

## 4.1.2 电阻点焊机器人本体及控制系统

(1) 点焊机器人本体

点焊通常采用全关节型机器人本体。电阻点焊对机器人本体的自由度、驱动方式、工作空间、各个自由度的运动范围和最大运动速度、腕部负载能力、控制方式和重复精度、点焊焊接速度等的要求如下。

1) 自由度 点焊要求 5 个自由度以上即可,目前使用较多是具有 6 个自由度的机器人本体,这 6 个自由度是:腰转、大臂转、小臂转、腕转、腕摆及腕捻。

2) 驱动方式 点焊机器人的驱动方式有气压、液压和电动驱动等,其中电动驱动因具有维护方便、能耗低、速度快、精度高、安全性好等优点,应用最为广泛。

3) 工作空间 需选用工作空间符合实际工作要求的机器人,通常根据焊点位置和数量来选择,一般要求工作空间不小于 $5m^3$。

4) 各个自由度的运动范围和最大运动速度 表 4-1 给出了点焊机器

人在各个自由度上的典型的运动范围和最大运动速度。

表 4-1　点焊机器人在各个自由度上的典型的运动范围和最大运动速度

| 自由度 | 运动范围/(°) | 最大运动速度/[(°)/s] |
|---|---|---|
| 腰转 | ±135 | 50 |
| 大臂转 | 前 50,后 30 | 45 |
| 小臂转 | 上 40,后 20 | 40 |
| 腕转 | ±90 | 80 |
| 腕摆 | ±90 | 80 |
| 腕捻 | ±170 | 80 |

5）腕部负载能力　由于点焊钳较重,所以要求点焊机器人的负载能力较大,一般应不小于 50~120kg。

6）控制方式和重复精度　点焊过程中主要控制焊点的位置,因此可采用点位控制方式（PTP）,其定位精度应小于±5mm。

7）点焊焊接速度　点焊机器人的点焊速度较大,一般在 60 点/min以上。选择点焊机器人时应注意单点焊接时间要与生产线物流速度相匹配。

（2）示教盒

示教系统是机器人与人的交互接口,利用示教系统将机器人末端的位姿、轨迹、各个重要节点全部动作、焊接参数通过程序写入控制器存储器中,焊接过程中调用该程序,执行焊接过程。它实质上是一个专用的智能终端。图 4-4 给出了典型的点焊机器人示教盒。

示教盒采用图形化界面,通过触摸屏和按键可完成所有指令操作,实现所有设置。点焊机器人通常为 PTP 模式（点位控制型）,因此其示教较为简单,仅需进行点到点的控制,两点之间的路径不控制。

图 4-4　点焊机器人示教盒

（3）机器人控制器

机器人控制器通常由计算机硬件、软件和一些专用控制电路组成,其软件包括控制器系统软件、机器人专用语言、机器人运动学、动力学软件、机器人控制软件、机器人自诊断、自保护功能软件等,它处理机器人工作过程中的全部信息,并发出控制命令控制机器人系统的全部动作。如果在示教过程中操作者误操作或在焊接过程中出现故障,报警系统均会自动报警并停机，同时显示错误或故障信息。

点焊机器人控制器与电阻点焊控制器进行通信的方式与弧焊基本类似，但目前应用较多的是点对点的 I/O 模式。

## 4.1.3 点焊系统

点焊系统由点焊钳、点焊电源、焊接控制器及水、电、气等辅助系统等组成。

（1）点焊钳及点焊电源

1）点焊钳的结构形式　点焊钳是点焊机器人的末端操作器，根据其结构形式可分为 C 形和 X 形两种，如图 4-5 所示。C 形点焊钳用于点焊位于竖直及近于竖直方向上的焊点焊接，X 形焊钳则主要用于点焊水平及近于水平方向上的焊点焊接。

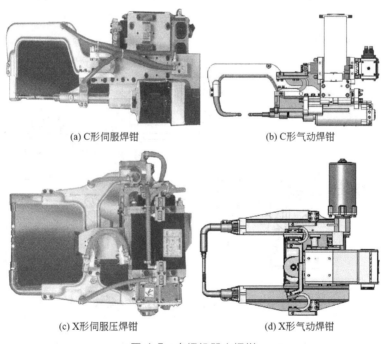

(a) C形伺服焊钳　　　　　　　　　(b) C形气动焊钳

(c) X形伺服压焊钳　　　　　　　　(d) X形气动焊钳

图 4-5　点焊机器人焊钳

2）点焊钳的驱动方式　按驱动方式分，点焊机器人焊钳可分为气动点焊钳和伺服点焊钳。气动焊钳利用压缩空气气缸进行驱动，通过换向阀来控制开闭动作，由焊接控制器发出模拟信号驱动比例阀来控制焊接压力。这种焊钳具有结构简单、易于维护保养的优点。其缺点是焊接压力在焊接过程中无法进行调节，不利于焊接质量的提高；电极移动速度在加压过程中无法控制，对工件冲击较大，既容易使工件产生变形，又产生较大的噪声；焊接压力不能精确控制，易导致较大飞溅；另外，这种焊钳的电极易于磨损，影响焊接质量。

伺服点焊钳通过伺服马达来驱动，焊钳的张开、闭合以及焊接压力均由伺服电动机驱动控制，张开度和焊接压力均为无级调节，而且调节精度极高。有些机器人还能把伺服焊钳的伺服驱动电动机作为机器人的一个联动轴。伺服焊钳闭合加压过程中可实时调节压力，保证两电极轻轻闭合，实现软接触，最大限度地降低对工件的冲击，降低了噪声和飞溅。由于焊钳的张开度可无级调节并精确控制，因此在从一个焊点向另一个焊点的移动过程中，可逐渐闭合钳口，缩短焊接周期，提高生产效率。

3）点焊钳与点焊电源的连接关系　点焊电源是提供焊接电流的装置。根据点焊钳与点焊电源的连接关系，点焊钳分为三种：一体式、分离式和内藏式，如图 4-6 所示。

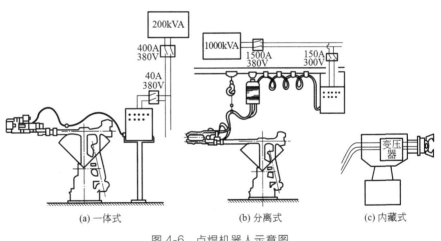

图 4-6　点焊机器人示意图

一体式点焊钳的点焊电源和钳体组装为一体，然后安装在机器人操作机手臂末端，如图 4-6(a) 所示。其优点是无须采用粗大的二次电缆及悬挂变压器的工作架、结构简单、维护费用低、节能省电（与分离式相比，可节能 2/3）。其缺点是操作机末端承受的负荷较大（一般为 60kg）、焊钳可达性较差。图 4-7 给出了一体式点焊钳的结构。

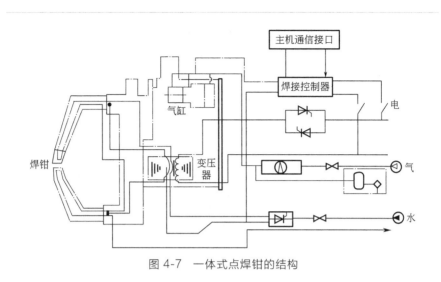

图 4-7　一体式点焊钳的结构

分离式点焊钳的特点是钳体和点焊电源相互分离，前者安装在机器人操作机手臂末端，而后者悬挂在机器人上方的悬梁式轨道上，并可在轨道上随着焊钳移动，二者之间通过电缆相连，如图 4-6（b）所示。这种焊钳的优点是机器人本体手臂末端的负载较小、运动速度高、造价便宜。其缺点是能量损耗较大、能源利用率低、工作空间和焊接位置受限、维护成本高（连接电缆需要定期更换）。

内藏式焊钳的点焊电源安放到机器人手臂内靠近钳体的位置，如图 4-6（c）所示。其优点是二次电缆短、变压器容量小，缺点是机器人本体的设计结构复杂。

（2）焊接控制器

焊接控制器的功能是完成焊接参数输入和焊接程序存储，进行简单或复杂的点焊时序控制，进行电流波形控制、焊接压力调节及控制、焊接时间控制（包括加压时间、通电时间、保持时间和间歇时间等），提供故障诊断和保护，实现与机器人控制器及手控示教盒的通信联系，通信方式一般为点对点的 I/O 模式。

根据点焊控制器和机器人控制器的相互关系，点焊机器人系统分三种结构形式。

1）中央控制型　由主计算机统一进行管理、协调和控制，焊接控制器作为整个控制系统的一个模块安装在机器人控制器的机柜内。这种控制器的优点是设备集成度高。

2）分散控制型　焊接控制器与机器人控制器彼此相对独立，分别控制焊接过程和焊接机器人本体的动作，二者通过"应答"方式进行通信。开始焊接时，机器人控制器给出焊接启动信号，焊接控制器接到该信号后自行控制焊接程序的进行，并在焊接结束后向机器人控制器发送结束信号。机器人控制器收到结束信号后使焊钳移位，进行下一个焊点的焊接。其典型焊接循环如图 4-8 所示。

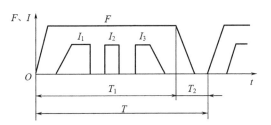

图 4-8　点焊机器人典型的焊接循环

$T_1$—焊接控制器控制；$T_2$—机器人主控计算机控制；

$T$—焊接周期；$F$—电极压力；$I$—焊接电流

3）群控系统　以群控计算机为中心将多台点焊机器人连接成一个网络，对这些机器人进行群控。每台点焊机器人均设有"焊接请求"及"焊接允许"信号端口，与群控计算机相连，以实现网内焊机的分时交错焊接。这种控制方法的优点是可优化电网瞬时负载、稳定电网电压、提高焊点质量。

# 4.2　弧焊机器人系统

## 4.2.1　弧焊机器人系统组成

弧焊机器人系统由机器人本体、机器人控制器、示教盒、焊接系统、外部传感器、变位机、安全防护装置及清枪站等构成，而焊接系统主要由焊枪、送丝机和弧焊电源构成。弧焊电源应为机器人专用电源，具有与机器人通信的接口。图 4-9 示出了典型的弧焊机器人系统组成。图 4-10 是由一台机器人和三台变位机组成的机器人工作站。图 4-11 示出了由两台机器人和一台变位机组成的机器人工作站。

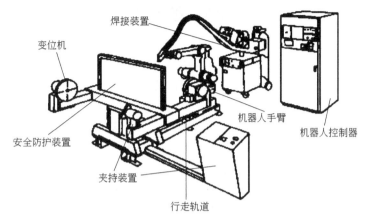

图 4-9 典型弧焊机器人系统组成

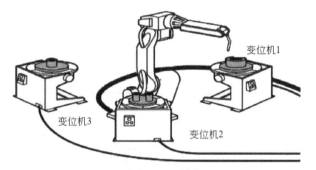

图 4-10 由一台机器人和三台变位机组成的机器人工作站

图 4-11 由两台机器人和一台变位机组成的机器人工作站

## 4.2.2 弧焊机器人本体及控制器

### (1) 机器人本体

为了实现高质量焊接，要求焊接机器人驱动焊枪精确地沿着坡口中心运动并保证焊枪的姿态，而且控制系统能够在焊接过程中根据坡口尺寸或对中情况不断调节焊接工艺参数（如焊接电流、电弧电压、焊接速度、焊枪位姿等）。一般应满足以下几个要求。

① 自由度。6 个自由度的弧焊机器人即可满足大部分弧焊要求，如果工件复杂而且自动化程度要求高，可通过变位机扩展自由度。

② 重复定位精度。大部分弧焊工艺要求的重复定位精度为 ±0.05～0.1mm，等离子弧焊工艺的定位精度要求更高。

③ 工作空间范围。机器人的运动范围一般为 1.4～1.6m，可通过龙门架扩展工作范围，如图 4-12 所示，也可通过悬臂梁或行走轨道等装置扩展工作范围，如图 4-13 所示。

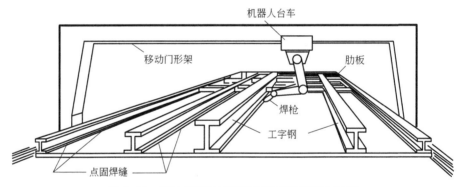

图 4-12 通过龙门架扩展工作空间的机器人系统

(a) 通过悬臂梁扩展工作空间      (b) 通过行走轨道扩展工作空间

图 4-13 扩展工作空间的机器人系统

④ 负荷能力。弧焊机器人焊枪质量一般较小，负荷能力要求为 6~20kg。

⑤ 便于安装各种传感器，以实现自适应控制。

（2）机器人控制器及示教器

机器人控制器是机器人的神经中枢。它由计算机硬件、软件和一些专用电路构成，其软件包括控制器系统软件、机器人专用语言、机器人运动学、动力学软件、机器人控制软件、机器人自诊断、自保护功能软件等。它存储并执行通过示教盒编写的工作程序，处理机器人工作过程中的全部信息和控制其全部动作。机器人控制器通常满足以下条件。

① 具有丰富的接口功能，通过一定的协议与变位机、弧焊电源、传感器等交换信息。

② 有足够的存储空间，能够存储 1h 以上的示教内容。应至少能存储 5000~10000 个点位。

③ 具有极高的抗干扰能力和可靠性，能在各种生产环境中稳定地工作，其故障小于 1 次/1000h。

④ 具有自检测功能和自保护，例如，当焊丝或电极与工件"粘住"时，系统能立即自动断电，对系统进行保护；在焊接电弧未引燃时，焊枪能自动复位并自动再引弧。

弧焊机器人示教盒用于示教机器人编写示教程序、显示机器人工作状态、运行或试运行示教程序。可与机器人控制器通过接口（如 USB 接口、CAN 总线等）相连，按照一定的通信协议通信。如果使用 USB 接口，则可进行热插拔。示教盒设有丰富的键盘功能和触摸显示屏，便于进行机器人运动控制和编写程序，如图 4-14 所示。不同机器人的操作系统是不同的，大部分机器人的操作系统与 Windows 类似。

图 4-14　弧焊机器人示教盒

## 4.2.3 弧焊机器人的焊接系统

弧焊机器人的焊接系统主要由弧焊电源、送丝机、焊枪、清枪站等组成。

（1）弧焊电源

很多情况下，弧焊机器人需要在焊接过程中不断调节焊接参数，因此机器人用弧焊电源需要配置机器人接口，以实现与机器人控制系统的通信，并且弧焊电源还应具有更高的稳定性、更好的动态性能和调节性能。一般应选用高性能的全数字化电源，具有专家数据库或一元化调节功能。另外，机器人用弧焊电源还应具有如下功能。

① 焊丝自动回烧去球功能，即通过送丝速度和电源输出电压的协调控制，防止焊丝端部在熄弧过程中形成熔球。这是因为弧焊机器人要求100％的引弧成功率，焊丝端部一旦形成小球，下一次焊接时的引弧成功率将显著下降。

② 精确调节引弧电流大小、引弧电流上升速度、收弧电流大小及收弧电流下降速度，以保证引弧点和熄弧点处的焊缝成形质量。

③ 配有弧焊机器人控制器连接接口，按照 I/O、DeviceNet、Profibus 和以太网等方式与机器人控制器进行高速通信。

④ 能够可靠实现一脉一滴过渡。

⑤ 负载持续率应达到100％。

⑥ 对于 TIG 焊电源，还应具有高频屏蔽功能，防止引弧过程中的高频电信号影响机器人动作。

（2）送丝机

送丝机通常安装在机器人本体的肩部。与半自动焊相比，弧焊机器人对送丝平稳性要求更高，因此，弧焊机器人送丝机应采用四驱动轮送丝机构，用伺服电动机进行驱动。特别是 CMT 焊机，应采用惯性极小的伺服电动机进行驱动，以实现送丝/回抽的快速切换控制。弧焊机器人送丝机一般采用微处理器控制，设有与弧焊电源或机器人控制器通信的接口，并具有点动送丝/回抽功能，便于更换焊丝盘。

（3）焊枪

弧焊机器人焊枪的安装方式有两种：一种是内置式，另一种是外置式，如图 4-15 所示。内置式连接需要将机器人本体的腕部做成中空的，这种安装方式的优点是焊枪的可达性好，缺点是结构复杂，而且焊枪转动时对电缆寿命有影响。外置安装需要在弧焊机器人的第六轴上安装焊枪夹持装置，这显著降低了焊枪的可达性，但这种安装方式具有成本低、结构简单的优点，在可达性满足要求的情况下，一般均使用这种安装方式。

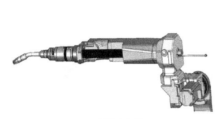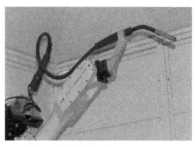

(a) 内置式安装          (b) 外置式安装

图 4-15　机器人焊枪的安装

机器人焊枪上最好安装防碰撞传感器，如图 4-16 所示。这样，焊枪在遇到障碍物或人时会立即停止运动，保证人员和设备安全。常用的防碰撞传感器为压缩弹簧式三维传感器，发生碰撞时，碰撞力挤压弹簧使弹簧收缩，启动开关使机器人立即停止运动。复位后弹簧自动弹回，无须对焊枪重新校验。这种防碰撞器具有体积小、结构简单、可靠性高的优点，可防止各个方向上的碰撞。而且可根据实际需要，通过更换不同弹性系数的弹簧来调节保护等级。

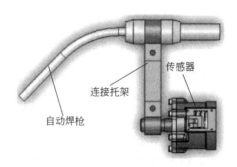

图 4-16　焊枪防碰撞传感器的安装

（4）清枪站

为了提高生产效率，弧焊机器人系统通常配有清枪站，用于清理焊枪上的飞溅颗粒及异物，并涂抹防飞溅油。清枪站通常利用旋转铰刀进行喷嘴清理。将铰刀深入到喷嘴内部，并使之绕焊丝和导电嘴旋转几周即可把飞溅物清理干净。清理完成后转动喷油嘴对准焊枪喷嘴内壁喷洒防飞溅硅油，如图 4-17 所示。

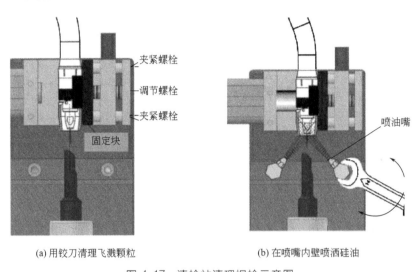

(a) 用铰刀清理飞溅颗粒　　　　　　　(b) 在喷嘴内壁喷洒硅油

图 4-17　清枪站清理焊枪示意图

# 4.3　特种焊机器人

## 4.3.1　激光焊机器人系统结构

激光焊机器人系统由机器人本体、控制器、焊接系统和变位机等组成，如图 4-18 所示。焊接系统由激光器和激光焊头或扫描式激光焊头构成。要求机器人本体具有较高的定位精度和重复精度，重复精度为 ±0.05mm，负载能力不小于 30～100kg。激光焊机器人焊接系统通常配有 CCD 摄像头，用来观察焊接过程，并检测焊缝的实际位置，实现焊缝自动对中，以弥补工件加工误差和装配误差。典型的变位机由旋转-翻转轴构成，这两个轴与机器人联动，构成机器人的第七轴和第八轴，用于将复杂的工件变位到最容易焊接的位置并增大焊接区域的可达性。由于激光焊焊接速度快，焊接生产率主要取决于工件的上装和下载效率，因此为了提高焊接效率，激光焊机器人系统通常配置两套或多套工作台，在一个工作台上进行焊接时，在其他工作台上进行装配或卸载。系统通常配有 CAD/CAM 离线编程软件，通过导入工件的三维数模文件可自动生成焊接程序，省去了示教过程，这样就显著地节省了时间。系统通常配有激光安全防护舱，该安全防护舱配备有激光安全防护玻璃及自动门。

激光焊机器人采用大功率激光器，常用的有两类，一类是固体激光器，另一类是气体激光器。固体激光器一般采用 Nd：YAG 激光器，其波长为 $1.06\mu m$，可利用光纤进行传输，这样既简化了光路系统，又可进行远距离传输，有利于实现远程焊接。目前这种激光器的功率已可做到 $10kW$。气体激光器利用 $CO_2$ 气体作为工作介质，其波长为 $10.6\mu m$，优点是安全性较好，功率可达到较大值，目前已经可做到 $20kW$。激光焊机器人目前已经广泛用于汽车工业的汽车车身拼焊。

图 4-18　激光焊机器人

图 4-19　搅拌摩擦焊机器人

## 4.3.2　搅拌摩擦焊机器人系统结构

搅拌摩擦焊机器人是将重载工业机器人与搅拌摩擦焊主轴系统集成起来的一种先进自动化设备，由机器人本体、机器人控制器和摩擦焊主轴系统等组成，如图 4-19 所示（图中未示出机器人控制器）。由于在焊接过程中需要搅拌头向工件施加较大的力和力矩，这使得机器人各个轴均需要承受较大的力，因此搅拌摩擦焊要求机器人本体具备很大的负载能力，一般应大于 $500kg$，而且能够在大负荷下保持很高的稳定性、重复精度和位姿精度。为了实现可靠的机器人控制，搅拌摩擦焊焊头需要配置复杂的传感系统，如压力传感器、温度传感器、焊缝跟踪传感器等；为了提高可达性，摩擦焊焊头做得要尽量小。

搅拌摩擦焊机器人系统极大提升了搅拌摩擦焊的作业柔性，可实现复杂的轨迹运动，适用于结构复杂的产品的焊接。还可通过匹配外部轴扩展机器人工作空间和自由度；也可实现多模式过程控制，如压力控制、扭矩控制等，保证焊接接头质量良好。这种焊接方法还具有绿色节能高效、焊接生产成本低等优点。据统计，机器人搅拌摩擦焊单件焊接成本比氩弧焊机器人焊接低 20%，而多轴搅拌摩擦焊的焊接成本只有氩弧焊机器人焊接的一半。

# 4.4  焊接机器人变位机

变位机是机器人系统不可或缺的组成部分，用来翻转、回转和移动工件，使被焊工件的焊缝处于最适于机器人焊接的位置，以提高焊缝质量和焊接效率。

变位可在焊接之前完成，也可在焊接过程中配合机器人的动作实时进行。如果需要在焊接过程中实时变位，变位机上需要配有机器人通信接口，通过一定的通信协议与机器人进行通信，由机器人控制器对变位机的运动进行统一的协调控制，变位机的运动轴直接成为机器人的外部扩展运动轴。图 4-20 为通过变位机与机器人本体配合将弧焊机器人系统的自由度（运动轴）由 6 个扩展为 8 个的典型例子。生产中使用的变位机以联动变位机居多。

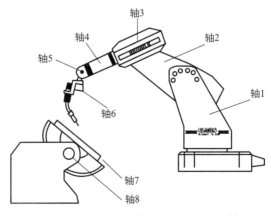

图 4-20  具有 8 个轴的弧焊机器人系统

按照是否与机器人联动，变位机分为联动变位机和普通变位机两种。按照运动轴的数量，变位机分为单轴、双轴、三轴等几种。

变位机最常见的运动是回转运动和翻转运动（倾斜运动）。回转驱动应可实现无级调速并反转，在可调的回转速度范围内，在额定最大载荷下的转速波动应不超过1%。翻转驱动应平稳，在额定最大载荷下不抖动、不滑动；应设有倾斜角度指示刻度，并设有控制倾斜角度的限位装置。倾斜机构应装有自锁功能以保证安全。有些变位机还可在一定方向上移动，比如平移或上升。

## 4.4.1 单轴变位机

典型的单轴变位机为头架-尾架型变位机，如图4-21所示。这种单轴变位机主要由驱动头座、机架、尾架和驱动系统组成。驱动头座中装有伺服驱动电动机、高精度减速机，用来提供转动动力。尾架上没有动力，仅用来夹紧工件。这种变位机可使工件绕水平轴360°旋转。其主要参数有负载能力、旋转角度、工件直径、工件长度、旋转速度、定位精度等。头尾架可以分离，如图4-21(b)所示。

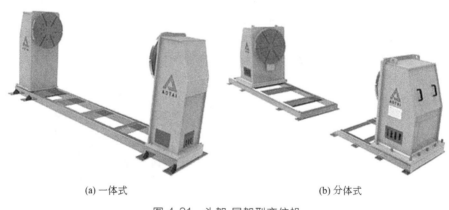

(a) 一体式　　　　　　　　　　　　(b) 分体式

图 4-21　头架-尾架型变位机

另一种典型的单轴变位机为双立柱单回转式变位机，由工作台面（或夹具）、两个立柱及安装在一个立柱上的驱动装置组成，工作台面距地面一定的距离，可以实现大角度的翻转，焊接时将焊件固定在工作台面上，如图4-22所示。工作台面或夹具还可设计为可沿着立柱升降的。该种变位机适合大工件的焊接，例如装载机的后车架、压路机机架等工程机械中的长方形结构件。

图 4-22  双立柱单回转式变位机

其他单轴变位机还有箱型变位机和 T 型变位机，如图 4-23 所示。箱型变位机的工作台面垂直于地面，旋转轴沿着水平方向并离地面一定距离，如图 4-23(a) 所示；T 型变位机的工作台面平行于地面，旋转轴垂直于地面。工作台面上刻有安装基线和安装槽孔，安装各种定位工件和夹紧机构，工作台面具有较高的强度和抗冲击性能。

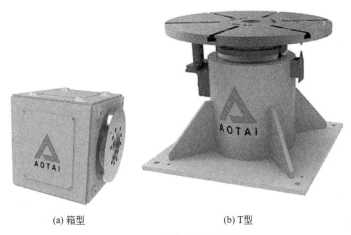

(a) 箱型                    (b) T型

图 4-23  其他单轴变位机

## 4.4.2 双轴变位机

常用的双轴变位机有 A 型、L 型、C 型、U 型及⊂型等几种，如图 4-24 所示。尽管形状不同，但其组成机构基本相同，均由翻转机构、回转机构、机座、工作平台和驱动系统等几部分构成。翻转和回转驱动机构均由伺服马达及高精度减速机组成，高精度地控制翻转和回转动作。工作台面上刻有安装基线和安装槽孔，安装各种定位工件和夹紧机构，工作台面具有较高的强度和抗冲击性能。通过与机器人联动，可将任意位置的焊缝变位到平焊或船形焊位置进行焊接，因此特别适合焊缝分布在不同平面上的复杂结构件的焊接，如图 4-25 所示。

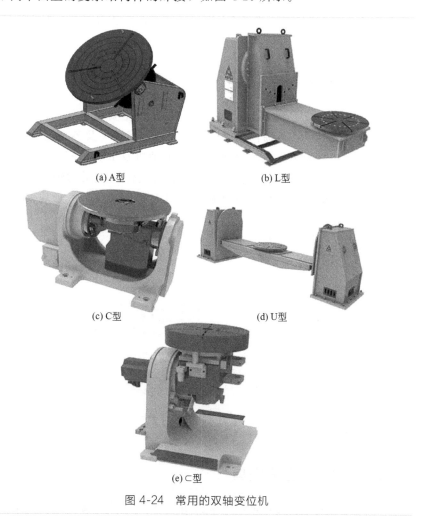

(a) A型

(b) L型

(c) C型

(d) U型

(e)⊂型

图 4-24　常用的双轴变位机

图 4-25  通过变位机与机器人联动将空间位置变位为平焊位置

## 4.4.3  三轴变位机

典型的三轴变位机为 H 型变位机，主要由机架、回转支撑柱、翻转变位框、安装在翻转变位框两侧的两个旋转头及各个轴的驱动系统组成，如图 4-26 所示。驱动系统由伺服电动机及 RV 精密减速机构成。工件可沿着支撑柱中心的竖直轴旋转，沿着变位框主梁的轴线翻转，还可由旋转头驱动进行旋转。两对旋转头可夹持两个工件，形成两个工位，一个工位焊接时，可在另一个工位上装夹或拆卸工件。两个工位之间设有隔离板，保护操作人员安全。

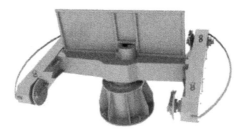

图 4-26  H 型三轴变位机

## 4.4.4  焊接工装夹具

焊接工装夹具是用于装配并夹紧工件的焊接工艺装备，是为提高装配精度和效率、保证焊件尺寸精度、防止或减小焊接变形而采用的定位及夹紧装置。

(1) 焊接工装夹具的结构组成

不同焊接工件所需的工装夹具不同，由于工件是千差万别的，因此工装夹具的具体结构也各不相同，但其功能性组成结构基本类似，均由定位装置、压紧或夹紧装置、测量装置和支撑台面等部分组成。

(2) 支撑台面

一般情况下，焊接机器人变位机上的工作台面可用作夹具的支撑台面，这种台面上有一些孔和沟槽，用于安装定位装置、压紧或夹紧装置。

如果变位机上没有工作台面，在设计支撑台面时，要设置足够的孔或槽，便于安装和更换测量装置、定位装置和夹具。在刚度和强度满足要求的情况下，应尽可能采用框架结构，这样可以节约材料、减轻夹具自重。

(3) 定位装置

定位装置有定位挡块、定位销和定位样板。应满足如下要求。

① 定位装置应具有足够的刚性和硬度，工作表面应具有足够的耐磨性，以保证在使用寿命内具有足够的定位精度。

② 为了提高通用性，定位元件应便于调整和更换，以适于结构或尺寸不同的产品的定位和装夹。

③ 通过合理的设计，避免定位元件受力，以免影响定位精度。

④ 不影响工件装配和拆卸的便利性，不影响焊接机器人的可达性。

(4) 夹紧机构

压紧装置的安装应符合以下条件。

① 压紧装置应具有足够的刚性和硬度，工作表面应具有足够的耐磨性，以便能够承受各种力的作用。

② 既能够可靠夹紧或压紧，不产生滑移，又不产生过大的拘束应力，以免破坏定位精度，影响产品形状。

③ 便于工件的装配和拆卸，不影响焊接机器人的可达性。

④ 夹具本身便于更换。

目前常用的夹紧机构有快速夹紧机构、气动夹紧机构等。快速夹紧机构结构简单、动作迅速，从自由状态到夹紧仅需几秒钟，符合大批量生产需要，典型结构如图4-27所示。快速夹紧器可多个串联或并联使用，实现二次夹紧或多点夹紧。对定位精度要求较低的焊件可同时实现夹紧和定位，免除了定位元件。图4-28为气动压紧装置，这种压紧装置可实现自动压紧，而且可靠性更高。

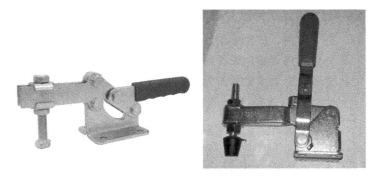

图 4-27　快速夹紧装置

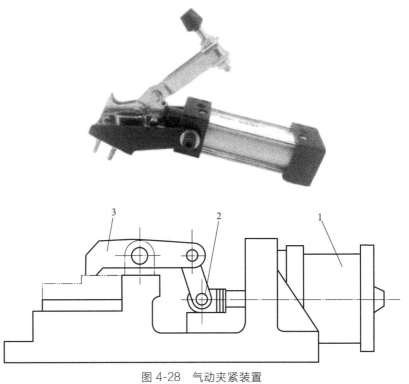

图 4-28　气动夹紧装置

1—气缸；2—杠杆；3—压头

第5章

机器人焊接
工艺

机器人常用的焊接工艺有电阻点焊、熔化极气体保护焊（GMAW）、钨极氩弧焊（TIG）、激光焊和搅拌摩擦焊。

# 5.1 电阻点焊工艺

## 5.1.1 电阻点焊原理及特点

### （1）电阻点焊原理

电阻焊是在一定压力作用下，利用焊接电流流过工件被焊部位所产生的电阻热加热工件进行焊接的一种方法。电阻焊有电阻点焊、电阻缝焊、电阻凸焊、电阻对焊和闪光对焊等几种，如图 5-1 所示。电阻焊机器人焊接一般使用电阻点焊，点焊机器人广泛用于汽车、摩托车、农业机械制造等行业。因此，这里主要介绍电阻点焊工艺。

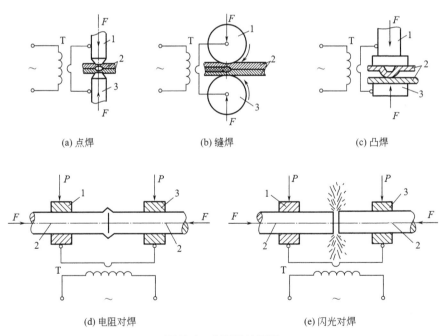

(a) 点焊          (b) 缝焊          (c) 凸焊

(d) 电阻对焊          (e) 闪光对焊

图 5-1　电阻焊的原理

1,3—电极；2—工件；F—电极压力（顶锻力）；P—夹紧力；T—电源（变压器）

电阻点焊利用两个柱状水冷铜电极导通电流并施加压力，原理如

图 5-2 所示。首先在电极上施加一定压力，使两电极之间的待焊部位发生塑性变形并在其周边形成一塑性环。塑性环在焊接过程中阻止空气侵入，并将导电区域局限在其内部。焊接电流通过焊件产生的热量由下式确定

$$Q = I^2 Rt \tag{5-1}$$

式中　$Q$——产生的电阻热，J；

　　　$I$——焊接电流，A；

　　　$R$——两电极之间的电阻，$\Omega$；

　　　$t$——通电时间，s。

两电极之间的电阻 $R$ 是由两焊件本身电阻 $R_w$、它们之间的接触电阻 $R_c$ 和电极与焊件之间的接触电阻 $R_{cw}$ 组成，如图 5-2 所示。即

$$R = 2R_w + R_c + 2R_{cw} \tag{5-2}$$

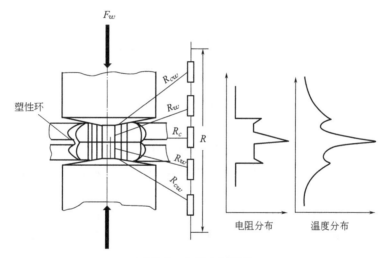

图 5-2　电阻点焊原理

因工件之间的接触电阻 $R_c$ 很大，电流集中、密度大，因此接触面上析出的热量最大最集中，而且此处远离电极，散热条件最差，其温度迅速升高，超过被焊金属熔点 $T_m$ 的部分便形成熔化核心。熔核中熔化金属强烈搅拌，使熔核温度和成分均匀化。一般熔核温度比金属熔点 $T_m$ 高 300～500K。由于电极散热作用，熔核沿工件表面方向成长速度慢于垂直于表面方向，故呈椭球状。由于电极的水冷散热作用，尽管工件与电极的接触表面电阻也很大，析热较多，但其温度通常不超过（0.4～0.6）$T_m$。由此可看出，电阻热中仅有少部分用来形成焊缝（焊点），而大部分散失于电极及周围金属中，热量利用率大概为 20%～30%。

（2）电阻点焊焊接循环

电阻点焊时，完成一个焊点所包含的全部程序称为焊接循环。点焊的焊接循环由预压、通电加热、维持和休止四个基本阶段组成，如图 5-3 所示。

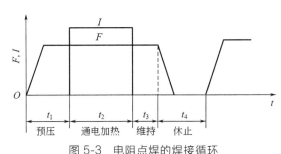

图 5-3  电阻点焊的焊接循环

I—焊接电流；F—电极压力；t—时间

1）预压时间 $t_1$   从电极开始下降到焊接电流开始接通的时间。这一时间是为了确保在通电之前电极压紧工件，使工件间有适当的压力，形成塑性环并建立良好的接触，将焊接电流流通路径限制在塑性环内，以保持接触电阻稳定和导电通路。

2）通电加热时间 $t_2$   焊接电流通过焊件并产生熔核的时间。

3）维持时间 $t_3$   焊接电流切断后，电极压力继续保持的时间，在此时间内，熔核冷却并凝固。继续施加压力是为了防止凝固收缩、缩孔和裂纹等缺陷。

4）休止时间 $t_4$   从电极开始提起到电极再次下降，准备下一个待焊点压紧工件的时间。此时间只适用于焊接循环重复进行的场合，是电极退回、转位、卸下工件或重新放置焊件所需的时间。

（3）电阻点焊特点

电阻点焊具有如下优点：

① 熔化金属与空气隔绝，冶金过程简单。

② 质量高。热影响区小、变形与应力也小，焊后无须矫形和热处理。

③ 不需填充金属，不需保护气体，焊接成本低。

④ 操作简单，易于实现机械化和自动化。

⑤ 生产效率高，可以和其他制造工序一起编到组装线上。

电阻点焊具有如下缺点：

① 缺乏可靠的无损检测方法。

② 点焊一般采用搭接接头，这增加了构件的重量，抗拉强度和疲劳

强度均较低。

③ 设备功率大，成本较高、维修较困难。

## 5.1.2 电阻点焊工艺参数

点焊的焊接参数主要有焊接电流 $I_w$、焊接时间 $t_w$、电极压力 $F_w$ 和电极工作面尺寸 $d_e$ 等。

（1）焊接电流

焊接电流增大，熔核的尺寸或焊透率增大。焊接区的电流密度应有一个合理的上限和下限。低于下限时，热量过小，不能形成熔核；高于上限时，加热速度过快，会发生飞溅，焊点质量下降。随着电极压力的增大，产生飞溅的焊接电流上限值也增大。在生产中当电极压力给定时，通过调整焊接电流，使其稍低于飞溅电流值，便可获得最大的点焊强度。

（2）焊接时间

焊接时间对熔核尺寸的影响与焊接电流的影响基本相似，焊接时间增加，熔核尺寸随之扩大，但焊接时间过长易引起焊接区过热、飞溅和搭边压溃等缺陷。

图 5-4 示出了几种材料点焊要求的焊件厚度与焊接电流、焊接时间的关系。

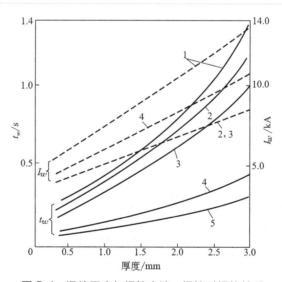

图 5-4 焊件厚度与焊接电流、焊接时间的关系

1—低、中合金钢；2—特殊高温合金；3—高温合金；4—不锈钢；5—铜合金

（3）电极压力

电极压力影响电阻热的大小与分布、电极散热量、焊接区塑性变形及焊点的致密程度。当其他参数不变时，增大电极压力，则接触电阻减小，电阻热减小，而散热加强，因此，熔核尺寸减小，焊透率显著下降，甚至出现未焊透；若电极压力过小，则板间接触不良，其接触电阻虽大却不稳定，甚至出现飞溅和烧穿等缺陷。

由于电极压力对焊接区金属塑性环的形成、焊接缺陷防止及焊点组织改善有较大的作用，因此，若焊机容量足够大，可采用大电极压力、大焊接电流工艺来提高焊接质量的稳定性。

对某些常温或高温强度较高、线膨胀系数较大、裂纹倾向较大的金属材料或刚性大的结构件，为了避免产生焊前飞溅和熔核内部收缩性缺陷，需要采用阶梯形或马鞍形的电极压力，如图 5-5(b)、(c) 所示。

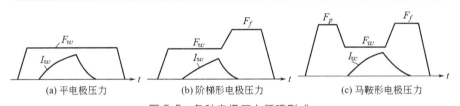

(a) 平电极压力　　　　(b) 阶梯形电极压力　　　　(c) 马鞍形电极压力

图 5-5　各种电极压力循环形式

$I_w$—焊接电流；$F_w$—焊接压力；$F_f$—顶锻力；$F_p$—预压力

（4）电极工作面的形状和尺寸

电极端面和电极本体的结构形状、尺寸及其冷却条件影响着熔核几何尺寸和焊点强度。对于常用的圆锥形电极，其电极头的圆锥角越大，则散热越好。但圆锥角过大，其端面不断受热磨损后，电极工作面直径迅速增大；若圆锥角过小，则散热条件差，电极表面温度高，更易变形磨损。为了提高点焊质量的稳定性，要求焊接过程电极工作面直径 $d_e$ 变化尽可能小，因此，圆锥角一般在 $90°\sim140°$ 范围内选取。对于球面形电极，因头部体积大，与焊件接触面扩大，电流密度降低且散热能力加强，其结果是焊透率会降低，熔核直径会减小。但焊件表面的压痕浅，且为圆滑过渡，不会引起大的应力集中；而且焊接区的电流密度与电极压力分布均匀，熔核质量易保持稳定；此外，上、下电极安装时对中要求低，偏斜量对熔核质量影响小。显然，焊接热导率低的金属，如不锈钢焊接，宜使用电极工作面较大的球面或弧面形电极。

（5）各焊接参数间的相互关系

实际上上述各焊接参数对焊接质量的影响是相互制约的。焊接电流

$I_w$、焊接时间 $t_w$、电极压力 $F_w$、电极工作面直径 $d_e$ 都会影响焊接区的发热量，其中，$F_w$ 和 $d_e$ 直接影响散热，而 $t_w$ 和 $F_w$ 与熔核塑性区大小有密切关系。增大 $I_w$ 和 $t_w$，降低 $F_w$，电阻热将显著增大，可以增大熔核尺寸，这时若散热不良（如 $d_e$ 小）就可能发生飞溅、过热等现象；反之，则熔核尺寸小，甚至出现未焊透。

要保证一定的熔核尺寸和焊透率，既可采用焊接电流大、焊接时间短的工艺，又可采用焊接电流小、焊接时间长的工艺。

焊接电流大、焊接时间短的工艺称为硬规范，其特点是加热速度快、焊接区温度分布陡、加热区窄、接头表面质量好、过热组织少、接头的综合性能好、生产率高。因此，只要焊机功率允许，各焊接参数控制精确，均应采用这种方式。但由于加热速度快，故要求加大电极压力和散热条件与之配合，否则易出现飞溅等缺陷。

焊接电流小而焊接时间长的工艺称为软规范，其特点是加热速度慢、焊接区温度分布平缓、塑性区宽，在压力作用下易变形。点焊机功率较小、工件厚度大、变形困难或易淬火等情况下常采用软规范焊接。

# 5.2　熔化极气体保护焊

## 5.2.1　熔化极气体保护焊基本原理及特点

### （1）基本原理

熔化极气体保护焊是利用气体进行保护，利用燃烧在焊丝与工件之间的电弧作热源的一种焊接方法，其原理如图 5-6 所示。焊丝既作为电极又作为填充金属，有实心和药芯两类。

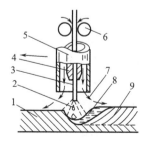

图 5-6　熔化极气体保护电弧焊示意图

1—母材；2—电弧；3—焊丝；4—导电嘴；5—喷嘴；6—送丝轮；7—保护气体；8—熔池；9—焊缝金属

（2）分类

按使用的保护气体和焊丝种类不同，熔化极气体保护焊分类如下。

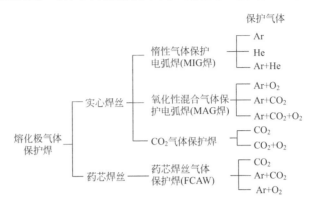

（3）熔化极气体保护焊的特点

熔化极气体保护焊具有如下工艺特点。

① 适用范围广。熔化极氩弧焊几乎可焊接所有的金属。MIG 焊特别适用于铝及铝合金、钛及钛合金、铜及铜合金等有色金属以及不锈钢的焊接。MAG 焊和 $CO_2$ 气体保护焊适合黑色金属的焊接，既可焊接薄板，又可焊接中等厚度和大厚度的板材，而且可适用于任何位置的焊接。

② 生产率较高、焊接变形小。由于使用焊丝作电极，允许使用的电流密度较高，因此母材的熔深大，填充金属熔敷速度快，用于焊接厚度较大的铝、铜等金属及其合金时生产率比 TIG 焊高，焊件变形比 TIG 焊小。

③ 焊接过程易于实现自动化。熔化极氩弧焊的电弧是明弧，焊接过程参数稳定，易于检测及控制，因此容易实现自动化和机器人化。

④ 对氧化膜不敏感。熔化极氩弧焊一般采用直流反接，焊接铝及铝合金时具有很强的阴极雾化作用，因此焊前对去除氧化膜的要求很低。$CO_2$ 气体保护焊对油污和铁锈也不敏感。

熔化极氩弧焊具有如下缺点。

① MIG 焊焊接铝及其合金时易产生气孔。

② 焊缝质量不如 TIG 焊好。

（4）熔化极气体保护焊的应用

① 适焊的材料　可利用 MIG 焊焊接铝、铜、钛及其合金、不锈钢、耐热钢等。MAG 焊和 $CO_2$ 气体保护焊主要用于焊接碳钢、低合金高强度钢。MAG 焊用于焊接较为重要的金属结构，$CO_2$ 气体保护焊则广泛

用于普通的金属结构。

② 焊接位置　熔化极气体保护焊适应性较好，可以进行全位置焊接，其中以平焊位置和横焊位置焊接效率最高，其他焊接位置的效率也比焊条电弧焊高。

③ 可焊厚度　表 5-1 给出了熔化极气体保护焊适用的厚度范围。原则上开坡口多层焊的厚度是无限的，它仅受经济因素限制。

表 5-1　熔化极气体保护焊适用的厚度范围

| 焊件厚度/mm | 0.13 | 0.4 | 1.6 | 3.2 | 4.8 | 6.4 | 10 | 12.7 | 19 | 25 | 51 | 102 | 203 |
|---|---|---|---|---|---|---|---|---|---|---|---|---|---|
| 单层无坡口细焊丝 | | | ←——————————→ | | | | | | | | | | |
| 单层带坡口 | | | | ←——————————————→ | | | | | | | | | |
| 多层带坡口 $CO_2$ 气体保护焊 | ←——————————————————→------------- | | | | | | | | | | | | |

## 5.2.2　熔化极气体保护焊的熔滴过渡

熔化极气体保护焊熔滴过渡常见形式有短路过渡、大滴过渡、细颗粒过渡、喷射过渡。大滴过渡一般出现在电弧电压较高、焊接电流较小的条件下，这种过渡非常不稳定，而且易导致熔合不良、未焊透、余高过大等缺陷，因此在实际焊接中无法使用。

（1）短路过渡

焊接电流和电弧电压均较小时，由于弧长较短，熔滴尚未长大到能够过渡的尺寸就把焊丝和熔池短接起来，短路电流迅速增大，熔滴在不断增大的电磁收缩力的作用下缩颈，缩颈处局部电阻增大、电流密度大，急剧增大的电阻热导致爆破，将熔滴过渡到熔池中，如图 5-7 所示，这种过渡称为短路过渡。其特点是熔池体积小、凝固速度快，因此适合于薄板焊接及全位置焊接。这是细丝（焊丝直径一般不大于 1.6mm）$CO_2$ 气体保护焊经常采用的一种过渡方法，MAG 焊和 MIG 焊较少使用，在焊接薄板时，MIG/MAG 焊通常采用脉冲喷射过渡。

（2）细颗粒过渡

采用粗丝（焊丝直径一般不小于 1.6mm）、大电流、高电压进行 $CO_2$ 气体保护焊焊接时，熔滴过渡为细颗粒过渡。这种方法的特点是电弧大半潜入或全潜入到工件表面之下（取决于电流大小），熔池较深，熔滴以较小的尺寸、较大的速度沿轴向过渡到熔池中，如图 5-8 所示。

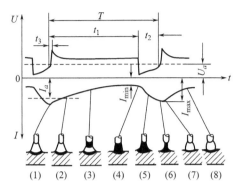

图 5-7　短路过渡焊接时电流及电压的变化规律

T—短路过渡周期；$t_1$—燃弧时间；$t_2$—短路时间；$t_3$—空载电压恢复时间；$U_a$—电弧电压；
$I_a$—平均焊接电流；$I_{min}$—最小电流；$I_{max}$—最大电流

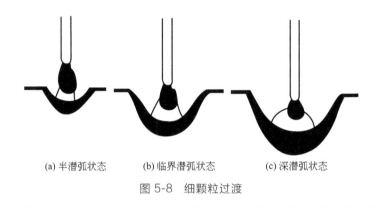

(a) 半潜弧状态　　　(b) 临界潜弧状态　　　(c) 深潜弧状态

图 5-8　细颗粒过渡

## （3）喷射过渡

喷射过渡是普通 MIG/MAG 焊的常用过渡形式。对于一定焊丝直径，存在着一个由滴状过渡向射流过渡转变的临界电流 $I_{cr}$，如图 5-9 所示。当焊接电流大于 $I_{cr}$ 为射流过渡，熔滴过渡频率急剧增大、熔滴尺寸急剧减小，电弧变得非常稳定。对于铝及铝合金来说，当电流大于临界电流时，喷射过渡是一滴一滴地进行的，这种过渡称为射滴过渡。对于钢来说，当电流大于临界电流时，喷射过渡是束流状进行的，这种过渡称为射流过渡。由于只能在大电流下才能实现喷射过渡，因此普通 MIG/MAG 焊只能用于厚板的平焊或斜角焊。

脉冲射流过渡仅产生在脉冲 MIG/MAG 焊中。只要脉冲电流大于临界电流时，就可产生喷射过渡，因此，脉冲 MIG/MAG 焊可在高至几百安、低至几十安的范围内获得稳定的喷射过渡，既可焊厚板，又可焊薄板。

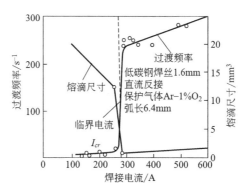

图 5-9  熔滴的体积和过渡频率与焊接电流的关系

熔化极脉冲氩弧焊有三种过渡形式：一个脉冲过渡一滴（简称一脉一滴）、一个脉冲过渡多滴（简称一脉多滴）及多个脉冲过渡一滴（多脉一滴）。熔滴过渡方式主要决定于脉冲电流及脉冲持续时间，如图 5-10 所示。三种过渡方式中，一脉一滴的工艺性能最好，多脉一滴是工艺性能最差的一种过渡形式。目前，几乎所有机器人使用的脉冲 MIG/MAG 焊电源均可实现一脉一滴，而且只需根据板厚选择平均电流，电源可自动匹配所有参数。

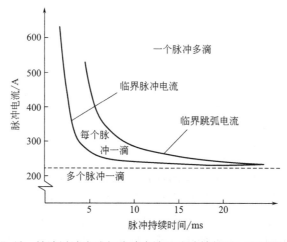

图 5-10  熔滴过渡方式与脉冲电流及脉冲持续时间之间的关系

## 5.2.3　熔化极氩弧焊工艺参数

熔化极氩弧焊焊接时需要选择的工艺参数主要有保护气体的种类、焊丝直径、焊接电流、电弧电压、焊接速度、保护气体流量以及喷嘴高度等。

（1）保护气体

根据母材类型选择保护气体，一般采用混合气体。焊接铝及铝合金时，一般选用 Ar 或 Ar＋He；焊接低碳钢、低合金钢时，选用 $CO_2$、$Ar＋O_2$、$Ar＋CO_2$ 或 $Ar＋CO_2＋O_2$；焊接不锈钢时，采用 $Ar＋O_2$ 或 $Ar＋CO_2$。

（2）焊丝直径

焊丝直径根据工件的厚度、施焊位置来选择，薄板焊接及空间位置的焊接通常采用细丝（直径≤1.6mm），平焊位置的中等厚度板及大厚度板焊接通常采用粗丝。表 5-2 给出了直径为 0.8～2.0mm 的焊丝的适用范围。在平焊位置焊接大厚度板时，最好采用直径为 3.2～5.6mm 的焊丝，利用该范围内的焊丝时焊接电流可用到 500～1000A，这种粗丝大电流焊的优点是熔透能力大、焊道层数少、焊接生产率高、焊接变形小。

表 5-2　焊丝直径的选择

| 焊丝直径/mm | 工件厚度/mm | 施焊位置 | 熔滴过渡形式 |
| --- | --- | --- | --- |
| 0.8 | 1～3 | 全位置 | 短路过渡 |
| 1.0 | 1～6 | 全位置、单面焊双面成形 | 短路过渡 |
| 1.2 | 2～12 | 全位置、单面焊双面成形 | 短路过渡 |
| 1.2 | 中等厚度、大厚度 | 打底 | 短路过渡 |
| 1.6 | 6～25 | 平焊、横焊或立焊 | 射流过渡 |
| 1.6 | 中等厚度、大厚度 | 平焊、横焊或立焊 | 射流过渡 |
| 2.0 | 中等厚度、大厚度 | 平焊、横焊或立焊 | 射流过渡 |

（3）焊接电流

焊接电流是最重要的焊接工艺参数。实际焊接过程中，应根据工件厚度、焊接方法、焊丝直径、焊接位置来选择焊接电流。利用等速送丝式焊机焊接时，焊接电流是通过送丝速度来调节的。一定直径的焊丝，有一定的允许电流使用范围，低于该范围或超出该范围时电弧均不稳定。表 5-3 给出了各种直径的低碳钢 MAG 焊所用的典型焊接电流范围。

熔化极脉冲氩弧焊的电流参数有：基值电流 $I_b$、脉冲电流 $I_p$、脉冲持续时间 $t_p$、脉冲间歇时间 $t_b$、脉冲周期 $T=t_p+t_b$、脉冲频率 $f=1/T$、脉冲幅比 $F=I_p/I_b$、脉冲宽比 $K=t_p/(t_b+t_p)$。由于脉冲参数很多，调节起来非常不方便，因此以前熔化极脉冲氩弧焊没有得到普遍使用。随着焊接设备技术的发展，现在的脉冲氩弧电源大部分均能实现一元化调节方式，只需调节平均电流，各种脉冲焊接参数自动设置为最佳值。这样，焊接参数调节就与普通熔化极电弧焊没有区别了。

表 5-3　低碳钢 MAG 焊的典型焊接电流范围

| 焊丝直径/mm | 焊接电流/A | 熔滴过渡方式 | 焊丝直径/mm | 焊接电流/A | 熔滴过渡方式 |
|---|---|---|---|---|---|
| 1.0 | 40～150 | 短路过渡 | 1.6 | 270～500 | 射流过渡 |
| 1.2 | 80～180 | | 1.2 | 80～220 | 脉冲射流过渡 |
| 1.2 | 220～350 | 射流过渡 | 1.6 | 100～270 | |

### （4）电弧电压

电弧电压主要影响熔宽，对熔深的影响很小。电弧电压应根据电流的大小、保护气体的成分、被焊材料的种类、熔滴过渡方式等进行选择。表 5-4 列出了不同保护气体下的电弧电压。

表 5-4　利用不同保护气体焊接时的电弧电压　　　　V

| 金属 | 喷射或细颗粒过渡 | | | | | 短路过渡 | | | |
|---|---|---|---|---|---|---|---|---|---|
| | Ar | He | Ar+75%He | Ar+(1%～5%)$O_2$ 或 Ar+20%$CO_2$ | $CO_2$ | Ar | Ar+(1%～5%)$O_2$ | Ar+25%$O_2$ | $CO_2$ |
| 铝 | 25 | 30 | 29 | — | — | 19 | — | — | — |
| 镁 | 26 | — | 28 | — | — | 16 | — | — | — |
| 碳钢 | — | — | — | 28 | 30 | 17 | 18 | 19 | 20 |
| 低合金钢 | — | — | — | 28 | 30 | 17 | 18 | 19 | 20 |
| 不锈钢 | 24 | — | — | 26 | — | 18 | 19 | 21 | — |
| 镍 | 26 | 30 | 28 | — | — | 22 | — | — | — |
| 镍-铜合金 | 26 | 30 | 28 | — | — | 22 | — | — | — |
| 镍-铬-铁合金 | 26 | 30 | 28 | — | — | 22 | — | — | — |
| 铜 | 30 | 36 | 33 | — | — | 24 | 22 | — | — |
| 铜-镍合金 | 28 | 32 | 30 | — | — | 23 | — | — | — |
| 硅青铜 | 28 | 32 | 30 | 28 | — | 23 | — | — | — |
| 铝青铜 | 28 | 32 | 30 | — | — | 23 | — | — | — |
| 磷青铜 | 28 | 32 | 30 | 23 | — | 23 | — | — | — |

注：焊丝直径为 1.6mm。

（5）气体流量

保护气体的流量一般根据电流的大小、喷嘴孔径及接头形式来选择。对于一定直径的喷嘴，有一最佳的流量范围，流量过大，易产生紊流；流量过小，气流的挺度差，保护效果均不好。常用喷嘴孔径为 20mm，保护气体流量为 10～20L/min。气体流量最佳范围通常需要利用实验来确定。

（6）喷嘴至工件的距离

喷嘴高度应根据电流的大小选择，如表 5-5 所示。该距离过大时，保护效果变差，而且干伸长度增大，焊接电流减小，易导致未焊透、未熔合等缺陷；过小时，飞溅颗粒易堵塞喷嘴。

表 5-5　喷嘴高度推荐值

| 电流大小/A | <200 | 200～250 | 350～500 |
|---|---|---|---|
| 喷嘴高度/mm | 10～15 | 15～20 | 20～25 |

## 5.2.4　高效熔化极气体保护焊工艺

熔化极气体保护焊的焊接已占总焊接工作量的 1/3～2/3，其效率和质量对工业生产具有重要的影响。高效、高质和低成本历来是这种方法追求的目标，近来熔化极气体保护焊在高效化和减少飞溅方面取得了较大发展。下面简要介绍这方面的一些新工艺。

（1）冷金属过渡（CMT）焊

1）CMT 焊的基本原理　CMT（cold metal transfer）焊是一种无飞溅的短路过渡熔化极气体保护焊。它是一种基于先进数字电源和送丝机的"冷态"焊接新技术。通过监控电弧状态，协同控制焊接电流波形及焊丝抽送，在很低的热输入下实现稳定的短路过渡，完全避免了飞溅。

图 5-11 示出了 CMT 焊接过程中焊接电流波形与焊丝运动速度波形。熔滴与熔池一旦短路，焊接回路中的电流被立即切换为一接近零的小电流，使短路小桥迅速冷态；同时焊丝由送进变为回抽。经过一定时间的回抽，短路小桥被拉断，熔滴在冷态下过渡到熔池中并重新引燃电弧。电弧一旦引燃，焊接电流迅速增大到脉冲电流，焊丝迅速由回抽变为送进。熔滴长大到一定尺寸后，焊接电流变为基值电流。随着熔滴长大和焊丝的送进，熔滴又与熔池短路，进行下一个周期。焊接过程中利用焊丝送进-回抽频率可靠地控制短路过渡频率。焊丝的送进-回抽频率高达到

80次/s。熔滴过渡时电压和电流几乎为零，利用焊丝回抽时的机械拉力实现熔滴过渡，完全避免了飞溅。整个焊接过程就是高频率的"热-冷-热"转换的过程，大幅降低了热输入量。

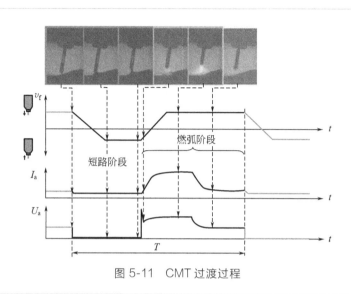

图 5-11　CMT 过渡过程

2）CMT 焊的特点及应用

冷金属过渡焊具有如下优点：

① 电弧噪声小，熔滴尺寸和过渡周期的大小都很均匀，真正实现了无飞溅的短路过渡焊接和钎焊。

② 精确的弧长控制，通过机械式监控和调整来调节电弧长度，电弧长度不受工件表面不平度和焊接速度的影响，这使 CMT 电弧更稳定，即使在很高的焊接速度下也不会出现断弧。

③ 引弧的速度是传统熔化极电弧焊引弧速度的两倍（CMT 焊为30ms，MIG 焊为60ms），在非常短的时间内即可熔化母材。

④ 焊缝表面成形均匀、熔深均匀，焊缝质量高、可重复性强。结合 CMT 技术和脉冲电弧可控制热输入量并改善焊缝成形，如图 5-12 所示。

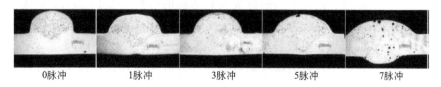

| 0脉冲 | 1脉冲 | 3脉冲 | 5脉冲 | 7脉冲 |

图 5-12　脉冲对焊缝成形的影响

⑤ 低的热输入量，小的焊接变形，图 5-13 比较了不同熔滴过渡形式的熔化极电弧焊焊接参数使用范围，可看到，CMT 焊用最小的焊接电流和电弧电压进行焊接。

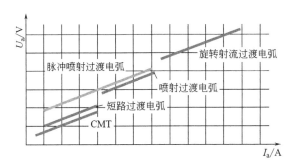

图 5-13　CMT 与普通熔化极电弧焊的焊接参数使用范围比较

⑥ 更高的间隙搭桥能力，图 5-14 比较了 CMT 焊和 MIG 焊的间隙搭桥能力。

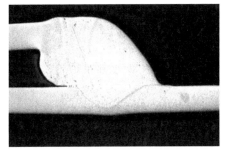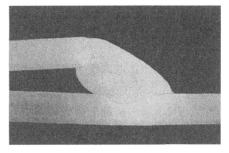

(a) CMT焊，板厚1.0mm，间隙1.3mm　　　　(b) MIG焊，板厚1.2mm，间隙1.2mm

图 5-14　CMT 焊和 MIG 焊的间隙搭桥能力比较

CMT 焊的应用主要有以下几种。

① CMT 焊适用的材料有：

a. 铝、钢和不锈钢薄板或超薄板的焊接（0.3～3mm），无须担心塌陷和烧穿。

b. 可用于电镀锌板或热镀锌板的无飞溅 CMT 钎焊。

c. 用于镀锌钢板与铝板之间的异种金属连接，接头和外观合格率达到 100%。

② CMT 焊适用的接头形式有搭接、对接、角接和卷边对接。

③ CMT 焊可用于平焊、横焊、仰焊、立焊等各种焊接位置。

3）CMT 焊接机器人系统　CMT 焊通常采用机器人操作方式。CMT 焊接机器人系统由数字化焊接电源、专用 CMT 送丝机、带拉丝机构的 CMT 焊枪、机器人、机器人控制器、机器人接口、冷却水箱、遥控器、专用连接电缆以及焊丝缓冲器等组成，如图 5-15 所示。

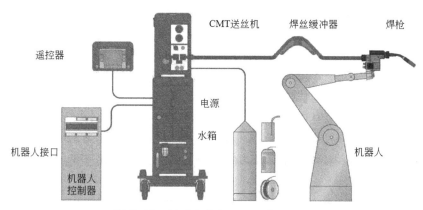

图 5-15　CMT 焊接机器人系统的组成

## （2）表面张力过渡（STT）焊接

1）STT 焊的基本原理　STT 焊是一种利用电流波形控制法抑制飞溅的短路过渡熔化极气体保护焊方法。短路过渡过程中的飞溅主要产生在两个时刻，一个是短路初期，另一个是短路末期的电爆破时刻。熔滴与熔池开始接触时，接触面积很小，熔滴表面的电流方向与熔池表面的电流方向相反，因此，两者之间产生相互排斥的电磁力。如果短路电流增长速度过快，急剧增大的电磁排斥力会将熔滴排出熔池之外，形成飞溅。短路末期，液态金属小桥的缩颈部位发生爆破，爆破力会导致飞溅。飞溅大小与爆破能量有关，爆破能量越大，飞溅越大。由此可看出，通过将这两个时刻的电流减小，可有效抑制飞溅，这就是 STT 焊飞溅控制机理。

STT 焊的飞溅抑制原理如图 5-16 所示。在熔滴刚与熔池短路时，降低焊接电流，使熔滴与熔池可靠短路。可靠短路后，增大焊接电流，促进颈缩形成；而在短路过程后期临界缩颈形成时，再一次降低电流，使液桥在低的爆炸能量下完成，这样就可获得无飞溅的短路过渡过程。

STT 焊短路过渡过程分为以下几个阶段。

① $T_0$—$T_1$ 为燃弧阶段。在该阶段，焊丝在电弧热量作用下熔化，形成熔滴。控制该阶段电流大小，防止熔滴直径过大。

② $T_1$—$T_2$ 为液桥形成段。熔滴刚刚接触熔池后，迅速将电流切换为一个接近零的数值，熔滴在重力和表面张力的作用下流散到熔池中，形成稳定的短路，形成液态小桥。

③ $T_2$—$T_3$ 为颈缩段。小桥形成后，焊接电流按照一定速度增大，使小桥迅速缩颈，当达到一定缩颈状态后进入下一段。

④ $T_3$—$T_4$ 为液桥断裂段。当控制装置检测到小桥达到临界缩颈状态时，电流在数微秒时间内降到较低值，防止小桥爆破，然后在重力和表面张力作用下，小桥被机械拉断，基本上不产生飞溅。

⑤ $T_4$—$T_7$ 为电弧重燃弧段和稳定燃烧段。电弧重燃，电流线上升到一个较大值，等离子流力一方面推动脱离焊丝的熔滴进入熔池，并压迫熔池下陷，以获得必要的弧长和燃弧时间，保证熔滴尺寸，另一方面保证必要的熔深和熔合。然后电流下降为稳定值。图 5-16 中看出，在 $T_1$—$T_2$ 和 $T_4$—$T_5$ 两个时间段均将电流切换成很小的数值，不会产生熔滴爆炸过程，在 $T_3$—$T_5$ 阶段缩颈依靠表面张力拉断，焊接过程基本上无飞溅。

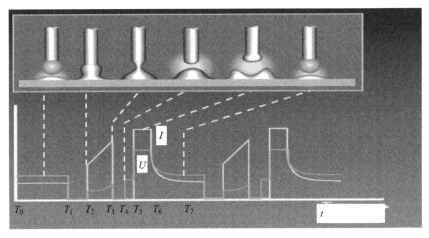

图 5-16　STT 法熔滴过渡的形态和电流、电压的波形图

2）STT 焊接的特点及应用

STT 焊的优点有以下几个。

① 飞溅率显著下降，最低可控制在 0.2% 左右，焊后无须清理工件和喷嘴，节省了时间，提高了效率。

② 焊缝成形美观，焊缝质量好，能够保证焊缝根部可靠的熔合，因此特别适合于薄板的各种位置的焊接以及厚板或厚壁管道的打底焊。在管道焊接中可替代 TIG 焊进行打底焊，具有更高的焊接速度。

③ 在同样的熔深下，热输入比普通 $CO_2$ 焊低 20％，因此焊接变形小，热影响区小。

④ 具有良好的搭桥能力。低热输入下，如焊接 3mm 后的板材，允许的间隙可达 12mm。

STT 焊的缺点有以下两个。

① 只能焊薄板，不能焊接厚板。

② 获得稳定焊接过程和质量的焊接参数范围较窄。例如，1.2mm 的焊丝，焊接电流的适用范围仅为 100～180A。

从可焊接的材料来看，STT 焊的适用范围广，不仅可用 $CO_2$ 保护气体焊接非合金钢，还可利用纯 Ar 焊接不锈钢，也可焊接高合金钢、铸钢、耐热钢、镀锌钢等。广泛用于薄板的焊接以及油气管线的打底焊。

（3）T.I.M.E. 焊（四元混合气体熔化极保护焊）

1）基本原理　T.I.M.E. (tranferred ionized molten energy) 焊利用大干伸长度、高送丝速度和特殊的四元混合气体进行焊接，可获得极高的熔敷速度和焊接速度。T.I.M.E. 工艺对焊接设备有很高的要求，需要使用高性能逆变电源、高性能送丝机及双路冷却焊枪。

T.I.M.E. 高速焊使用的气体为 0.5％$O_2$＋8％$CO_2$＋26.5％He＋65％Ar，也可采用如下几种气体。

① Corgon He 30：30％He＋10％ $CO_2$＋60％ Ar。

② Mison 8：8％ $CO_2$＋92％ Ar＋300ppm NO。

③ T.I.M.E. II：2％ $O_2$＋25％ $CO_2$＋26.5％ He＋46.5％ Ar。

2）T.I.M.E. 高速焊设备　T.I.M.E. 高速焊机由逆变电源、送丝机、中继送丝机、专用焊枪、带制冷压缩机的冷却水箱和气体混合装置等组成。由于焊接电流和干伸长均较大，T.I.M.E. 焊工艺对焊枪喷嘴和导电嘴的冷却均有严格要求，需要采用双路冷却系统进行冷却，如图 5-17 所示。混气装置可以准确混合 T.I.M.E. 焊工艺所需的多元混合气，每分钟可以提供 200L 的备用气体，可供应至少 15 台焊机使用。若某种气体用尽，混气装置便会终止使用，同时指示灯闪。与传统气瓶比可省气 70％。

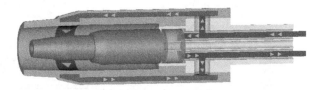

图 5-17　T.I.M.E. 高速焊专业焊枪的水冷系统示意图

3）T. I. M. E. 焊的特点及应用

T. I. M. E. 焊的优点如下。

① 熔敷速度大。同样的焊丝直径，T. I. M. E. 高速焊可采用更大的电流，以稳定的旋转射流过渡进行焊接，因此送丝速度高，熔敷速度大。平焊时熔敷速度可达 10kg/h，非平焊位置也可达 5kg/h。

② 熔透能力大，焊接速度快。

③ 适应性强。T. I. M. E. 焊的焊接工艺范围很宽，可以采用短路过渡、射流过渡、旋转射流过渡等过渡形式，适合于各种厚度的工件和各种焊接位置。

④ 稳定的旋转射流过渡有利于保证侧壁熔合，He 的加入提高熔池金属的流动性和润湿性，焊缝成形美观。T. I. M. E. 焊保护气体降低了焊缝金属的 H、S 和 P 含量，提高了焊缝机械性能，特别是低温韧性。

⑤ 生产成本低。由于熔透能力大，可使用较小的坡口尺寸，节省了焊丝用量。而高的熔敷速度和焊接速度又节省了劳动工时，因此生产成本显著降低。与普通 MIG/MAG 焊相比，成本可降低 25%。

T. I. M. E. 高速焊适用于碳钢、低合金钢、细晶粒高强钢、低温钢、高温耐热钢、高屈服强度钢及特种钢的焊接。应用领域有船舶、钢结构、汽车、压力容器、锅炉制造业及军工企业。

(4) Time Twin GMAW 焊（相位控制的双丝脉冲 GMAW 焊）

1）基本原理　双丝 MIG/MAG 焊是采用两根焊丝、两个电弧进行焊接的一种 GMAW 方法。两根焊丝按一定的角度放在一个专门设计的焊枪里（如图 5-18 所示），两根焊丝各由一台独立的电源供电，形成两个可独立调节所有参数的电弧，两个电弧形成一个熔池，如图 5-19 所示。通过适当的匹配，可有效地控制电弧和熔池，得到良好的焊缝成形质量，并可显著提高熔敷速度和焊接速度。

图 5-18　典型双丝焊焊枪

图 5-19　双丝焊示意图

　　焊接时,两个电弧可同时引燃,也可先后引燃,其焊接效果是相同的。与单丝焊相比,影响熔透能力的参数除了焊接电流、电弧电压、焊接速度、保护气体、焊枪倾角、干伸长度和焊丝直径以外,还有焊丝之间的夹角及距离。

　　Time Twin GMAW 焊使用两台完全独立的数字化电源和一把双丝焊枪。双丝焊枪采用紧凑型导电嘴结构和特殊设计的焊丝输送结构,确保两路焊丝分别以精确角度进入连接为一体但相互绝缘的两只导电嘴中,使电流精度。通过同步器 SYNC 进行协调控制,协调脉冲相位,使焊接过程更加稳定。较大电流下通常采用 180°相位差,当一个电弧作用在脉冲状态下时,另一电弧正处于基值状态,两个电弧之间的作用力较小,减少了双弧间的干涉现象,如图 5-20 所示。而采用较小电流焊接时,两个电弧应具有相同的相位,防止基值电弧在峰值电弧吸引下因拉长而熄灭。

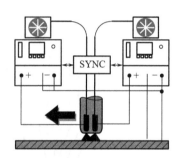

图 5-20　相位控制的双丝脉冲 GMAW 焊电源配置图

　　2) Time Twin GMAW 焊的特点及应用

　　双丝焊由于具有两个可独立调节的电弧,而且两个电弧之间的距离可调,因此其工艺可控性强,其优点如下。

　　① 显著提高了焊接速度和熔敷速度。两个电弧的总焊接电流最大可达 900A,焊薄板可显著提高焊接速度,焊厚板时熔敷速度高,可达 30kg/h。焊接速度比传统单丝 GMAW 焊可提高 1～4 倍。

　　② 焊接一定板厚的工件时,所需的热输入低于单丝 GMAW 焊,焊接热影响区小,残余变形量小。

　　③ 电弧极其稳定,熔滴过渡平稳,飞溅率低。

　　④ 焊枪喷嘴孔径大,保护气体覆盖面积大,保护效果好,焊缝的气孔率低。

　　⑤ 适应性强。多层焊时可任意定义主丝和辅丝,焊枪可在任意方向上焊接。

⑥ 能量分配易于调节。通过调节两个电弧的能量参数，可使能量合理地分配，适合于不同板厚和异种材料的焊接。

双丝 GMAW 焊可焊接碳钢、低合金高强钢、Cr-Ni 合金以及铝及铝合金。在汽车及汽车零部件、船舶、锅炉及压力容器、钢结构、铁路机车车辆制造领域具有显著的经济效益。

（5）等离子-熔化极惰性气体（Plasma-MIG）复合焊

1）Plasma-MIG 复合焊基本原理　这种焊接方法使用两台电源，一台为等离子弧电源，一台为 MIG 焊电源，利用一特制的 PA-MIG 焊枪进行焊接，如图 5-21 所示。焊枪上有三个气体通路：中心气体、等离子气和保护气，均使用 Ar。焊接过程中同时存在两个电弧，即钨极与工件之间的等离子弧以及焊丝与工件之间的 MIG 电弧，如图 5-22 所示。焊丝、MIG 电弧以及熔池均被等离子体包围。这种焊接工艺一般采用机器人进行焊接。

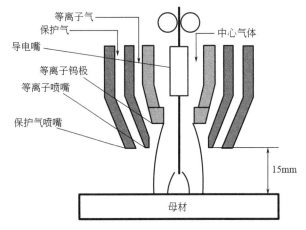

图 5-21　Plasma-MIG 复合焊焊枪

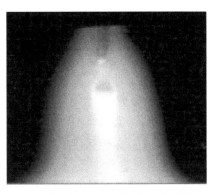

图 5-22　Plasma-MIG 复合焊电弧

2）Plasma-MIG 复合焊的特点

Plasma-MIG 复合焊的优点如下：

① MIG 电弧燃烧稳定，保护效果好，因而气孔倾向比 MIG 焊小。

② 等离子弧稳定了焊丝端部及端部的熔滴，改善了熔滴过渡，克服了飘忽现象。

③ 焊丝的干伸长较常规 MIG 焊大，而且压缩的等离子弧对焊丝和工件有加热作用，因此熔敷速度大，焊接效率高。图 5-23 比较了 MIG 焊和 Plasma-MIG 复合焊的熔敷速度。

④ 通过适当选择等离子钨极的直径，提高熔池的温度，改善熔池金属的润湿性，在焊接高强度钢时，即使采用纯 Ar 也可得到良好的焊缝成形，降低了焊缝含氧量，提高焊缝性能。

Plasma-MIG 复合焊的缺点是：

① 焊枪复杂，焊接工艺参数繁多，而且各个参数之间的匹配要求高。

② 不适合半自动焊，只能采用自动焊或机器人焊接。

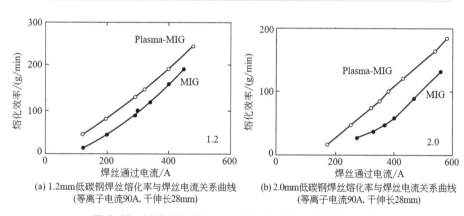

(a) 1.2mm低碳钢焊丝熔化率与焊丝电流关系曲线
（等离子电流90A，干伸长28mm）

(b) 2.0mm低碳钢焊丝熔化率与焊丝电流关系曲线
（等离子电流90A，干伸长28mm）

图 5-23　MIG 焊和 Plasma-MIG 复合焊的熔敷速度比较

# 5.3　钨极惰性气体保护焊（TIG 焊）工艺

## 5.3.1　钨极惰性气体保护焊的原理、特点及应用

（1）基本原理

在惰性气体的保护下，利用钨电极与工件之间产生的电弧热熔化母

材和填充焊丝的焊接方法称钨极惰性气体保护焊，简称 TIG 焊（Tungsten Inert Gas Welding）。TIG 焊的原理如图 5-24 所示。

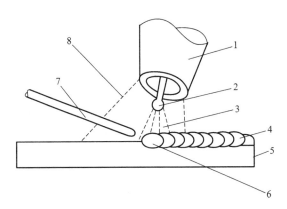

图 5-24　TIG 焊的基本原理图
1—喷嘴；2—钨极；3—电弧；4—焊缝；5—工件；
6—熔池；7—焊丝；8—保护气流

使用的惰性气体是 Ar、He 或 He、Ar 混合气体，在某些场合下可采用 Ar 加少量 $H_2$。不同气体的保护作用相同，但在电弧特性方面有区别，因 He 价格比 Ar 贵很多，故在工业上主要用氩弧焊。

TIG 焊可采用直流和交流两种形式，而交流 TIG 焊又有正弦波交流和矩形（方形）波交流两种。交流 TIG 焊用于焊接铝和铝合金、镁和镁合金等活泼金属；而直流 TIG 焊用于铝和镁以外的其他金属的焊接，通常采用直流正接。

薄板焊接通常采用脉冲 TIG 焊进行焊接。脉冲 TIG 焊按脉冲频率的大小又分为低频（0.1～10Hz）脉冲 TIG 焊、中频（10～1000Hz）脉冲 TIG 焊和高频（20～40kHz）脉冲 TIG 焊三种。

（2）TIG 焊的特点

1）优点

① 可焊接几乎所有的金属，特别适于焊接化学活性强和形成高熔点氧化物的铝、镁及其合金。

② 焊接过程中钨棒不熔化，弧长变化干扰因素相对较少，而且电弧电场强度低、稳定性好，因此焊接过程非常稳定。

③ 焊缝成形美观，焊缝质量好。

④ 即使是用几安的小电流，钨极氩弧仍能稳定燃烧，而且热量相对较集中，因此可焊接 0.3mm 的薄板；采用脉冲钨极氩弧焊电源，还可进行全位置焊接、热敏感材料焊接及不加衬垫的单面焊双面成形焊接。

⑤ 钨极氩弧焊的电弧是明弧，焊接过程参数稳定，易于检测及控制，是理想的自动化乃至机器人化的焊接方法。

2）缺点

① 钨极载流能力有限，加之电弧热效率系数低，因此熔深浅，熔敷速度低，焊接生产率较低。

② 钨极氩弧焊利用气体进行保护，抗侧向风的能力较差。在有侧向风的情况下焊接时，需采取防风措施。

③ 对工件清理要求较高。由于采用惰性气体进行保护，无冶金脱氧或去氢作用，为了避免气孔、裂纹等缺陷，焊前必须严格去除工件上的油污、铁锈等。

（3）应用范围

1）适焊的材料　钨极氩弧焊几乎可焊接所有的金属和合金，但因其成本较高，生产中主要用于焊接不锈钢和耐热钢以及有色金属（铝、镁、钛、铜等）及其合金。

2）适焊的焊接接头和位置　TIG 焊主要用于对接、搭接、T 形接、角接等接头的焊接，薄板对接时（≤2mm）可采用卷边对接接头。适用于所有焊接位置，只要结构上具有可达性均能焊接。

3）适焊的板厚与产品结构　表 5-6 给出了 TIG 焊适用的焊件厚度一般范围，若从生产率考虑，3mm 以下的薄板焊接最适宜。

表 5-6　TIG 焊焊件厚度的适用范围

| 厚度/mm | 0.13 | 0.4 | 1.6 | 3.2 | 4.8 | 6.4 | 10 | 12.7 | 19 | 25 | 51 | 102 |
|---|---|---|---|---|---|---|---|---|---|---|---|---|
| 不开坡口单道焊 | | ← | | → | | | | | | | | |
| 开坡口单道焊 | | | | ← | → | | | | | | | |
| 开坡口多层焊 | | | | | ← | | | | | | → | |

薄壁产品如箱盒、箱格、隔膜、壳体、蒙皮、喷气发动机叶片、散热片、鳍片、管接头、电子器件的封装等均可采用 TIG 焊生产。

重要厚壁构件（如压力容器、管道、汽轮机转子等）对接焊缝的根部熔透焊道或其他结构窄间隙焊缝的打底焊道，为了保证焊接质量，有时采用 TIG 焊。

## 5.3.2 钨极惰性气体保护焊焊接工艺参数

### （1）电流类型与极性选择

铝、镁及其合金通常采用交流进行焊接，而其他金属优先选用直流正接（DCSP）进行焊接。薄板焊接尽量采用脉冲电流进行焊接，铝、镁及其合金通常采用方波交流脉冲，而其他金属薄板利用直流脉冲。

### （2）钨极的直径及端部形状

钨极直径的选择原则是：在保证钨极许用电流大于所用焊接电流的前提下，尽量选用直径较小的钨极。钨极的许用电流决定于钨极直径、电流的种类及极性。钨极直径越大，其许用电流越大。直流正接时钨极许用电流最大，直流反接时钨极许用电流最小，交流时钨极许用电流居于直流正接与反接之间。交流焊时，电流的波形对钨极许用电流也具有重要的影响。脉冲钨极氩弧焊时，由于在基值电流作用时钨极得到冷却，所以直径相同的钨极的许用电流值明显提高。

钨极末端形状对电弧稳定性有重要影响。在焊接薄板和小焊接电流时，可用小直径钨极，末端磨得尖些，这样电弧容易引燃且稳定；但当电流较大时，钨极末端应为圆锥形或带有平顶或圆头的锥形，如图 5-25 所示。表 5-7 是推荐的钨极末端形状和使用的电流范围。

当采用交流 TIG 焊时，一般将钨极末端磨成半圆球状，随着电流增加，球径也随之增大，最大时等于钨极半径（即不带锥角）。

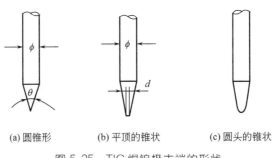

(a) 圆锥形　　(b) 平顶的锥状　　(c) 圆头的锥状

图 5-25　TIG 焊钨极末端的形状

表 5-7　钨极末端的形状与使用的电流范围

| 电极直径 $\phi$ /mm | 尖端直径 $d$ /mm | 锥角 $\theta$ /(°) | 直流正接 | |
|---|---|---|---|---|
| | | | 恒定电流范围/A | 脉冲电流范围/A |
| 1 | 0.125 | 12 | 2～15 | 2～25 |
| | 0.25 | 20 | 5～30 | 5～60 |
| 1.6 | 0.5 | 25 | 8～50 | 8～100 |
| | 0.8 | 30 | 10～70 | 10～140 |
| 2.4 | 0.8 | 35 | 12～90 | 12～180 |
| | 1.1 | 45 | 15～150 | 15～250 |
| 3.2 | 1.1 | 60 | 20～200 | 20～300 |
| | 1.5 | 90 | 25～250 | 25～300 |

（3）焊接电流

焊接电流是决定焊缝熔深的最主要参数，一般是根据焊件材料、厚度、接头形式、焊接位置等因素来选定。

对于脉冲钨极氩弧焊，焊接电流衍变为基值电流 $I_b$、脉冲电流 $I_p$、脉冲持续时间 $t_p$、脉冲间歇时间 $t_b$、脉冲周期 $T = t_p + t_b$、脉冲频率 $f = 1/T$、脉冲幅比 $F = I_p/I_b$、脉冲宽比 $K = t_p/(t_b + t_p)$ 等参数，其中四个参数是独立的。这些参数的选择原则如下。

① 脉冲电流 $I_p$ 及脉冲持续时间 $t_p$　脉冲电流与脉冲持续时间之积 $I_p t_p$ 被称为通电量，通电量决定了焊缝的形状尺寸，特别是熔深，因此，应首先根据被焊材料及板厚选择合适的脉冲电流及脉冲电流持续时间。不同材料及板厚的工件可根据图 5-26 选择脉冲电流及脉冲电流持续时间。

焊接厚度小于 0.25mm 的板时，应适当降低脉冲电流值并相应地延长脉冲持续时间。焊接厚度大于 4mm 的板时，应适当增大脉冲电流值并相应地缩短脉冲持续时间。

② 基值电流 $I_b$　基值电流的主要作用是维持电弧的稳定燃烧，因此在保证电弧稳定的条件下，尽量选择较低的基值电流，以突出脉冲钨极氩弧焊的特点。但在焊接冷裂倾向较大的材料时，应将基值电流选得稍高一些，以防止火口裂纹。基值电流一般为脉冲电流的 10%～20%。

③ 脉冲间歇时间 $t_b$　脉冲间歇时间对焊缝的形状尺寸影响较小。但过长时会显著降低热输入，形成不连续焊道。

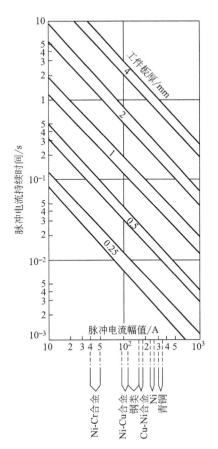

图 5-26    不同板厚及材料 TIG 的脉冲电流及脉冲电流持续时间

（4）保护气体流量

在一定条件下气体流量与喷嘴直径有一个最佳配合范围，此时的保护效果最好，有效保护区最大。TIG 焊的喷嘴内径范围为 5～20mm，流量范围为 5～25L/min，一般以排走焊接部位的空气为准。若气体流量过低，则气流挺度不足，排除空气能力弱，影响保护效果；若流量太大，则易形成紊流，使空气卷入，也降低保护效果。当气体流量一定时，喷嘴过大，气流速度过低，挺度小，保护不好，而且影响焊工视野。

（5）钨极伸出长度

钨极伸出长度通常是指露在喷嘴外面的钨极长度。伸出长度过大时，钨极易过热，且保护效果差；而伸出长度太小时，喷嘴易过热。因此钨极伸出长度必须保持一适当的值。对接焊时，钨极的伸出长度一般保持在 5～6mm；焊接 T 形焊缝时，钨极的伸出长度最好为 7～8mm。

（6）喷嘴离工件的距离

喷嘴离工件的距离要与钨极伸出长度相匹配，一般应控制在 8～14mm 之间。距离过小时，易导致钨极与熔池的接触，使焊缝夹钨并降低钨极寿命；距离过大时，保护效果差，电弧不稳定。

## 5.3.3　高效 TIG 焊

（1）热丝 TIG 焊

TIG 焊受钨极载流能力的限制，电弧功率小，因此熔透能力小、焊接速度低。为了克服这一缺陷，提出了许多新技术，如活性 TIG 焊、旋转电弧 TIG 焊和热丝 TIG 焊等，其中热丝 TIG 焊是应用最多的一种新技术。

1）热丝 TIG 焊的原理　热丝 TIG 焊的原理如图 5-27 所示。利用一专用电源对填充焊丝进行加热，该电源称为焊丝加热电源。送入熔池中的焊丝载有低压电流，该电流对焊丝进行有效预热，因此进入熔池的焊丝具有很高的温度，接触熔池后迅速熔化，提高了熔敷速度。另外，高温焊丝降低了对电弧热的消耗，提高了焊接速度。因为热丝必须始终与熔池接触并保持一定的角度，以导通预热电流，因此这种焊接方法只能采用自动操作方式。

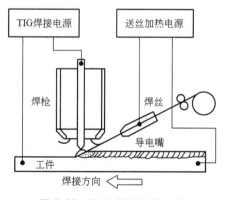

图 5-27　热丝 TIG 焊的原理

焊丝中的加热电流产生的磁场容易导致磁偏吹，为了避免这种偏吹，应采取如下几个措施。

① 焊丝与钨极之间的夹角要控制在 40°～60°。

② 热丝电流和焊接电流都采用脉冲电流，并将两者的相位差控制在 180°，焊接电流为峰值电流时，热丝电流为零，不产生磁偏吹，电弧热量用来加热工件，形成熔池；焊接电流为基值电流时，热丝电流为峰值电流，电弧在焊丝磁场的吸引下偏向焊丝。尽管此时产生磁偏吹，但基值电弧主要起维弧作用，对熔深和熔池行为影响很小。

2）热丝 TIG 焊的特点　与传统 TIG 焊相比，热丝 TIG 焊具有如下优点。

① 熔敷速度大。在相同电流条件下，熔敷速度最多可提高 60%，如图 5-28 所示。

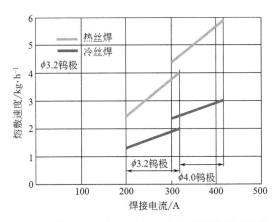

图 5-28　热丝 TIG 焊和冷丝 TIG 焊的熔敷速度比较

② 焊接速度大。在相同电流条件下，焊接速度最多可提高 100% 以上。

③ 熔敷金属的稀释率低。最多可降低 60%。

④ 焊接变形小。由于用热丝电流预热焊丝，在同样熔深下所需的焊接电流小，有利于降低热输入，减小焊接变形。

⑤ 气孔敏感性小。热丝电流的加热使焊丝在填入熔池之前就达到很高的温度，有机物等污染物提前挥发，使焊接区域中氢气含量降低。

⑥ 合金元素烧损少。在同样熔深下所需热输入小，降低了熔池温度，减少了合金元素烧损。

3）热丝 TIG 焊的应用　热丝 TIG 焊适用于碳钢、合金钢、不锈钢、镍基合金、双相或多相钢、铝合金和钛合金等的薄板及中厚板焊接，特别适于钨铬钴合金系表面堆焊。

（2）TOP-TIG 焊

1）TOP-TIG 焊原理　TOP-TIG 焊是一种通过喷嘴侧壁送丝的 TIG 焊，如图 5-29 所示。焊丝直接从喷嘴上的送丝嘴送到钨极端部附近，焊丝与喷嘴之间的夹角保持在 20°左右。控制钨极端部形状，使焊丝相邻的钨极锥面基本平行于焊丝轴线。焊丝通过送丝嘴时被高温喷嘴预热，然后进入电弧中温度最高的区域（钨极端部附近），因此其熔化速度和电弧热效率系数显著提高。熔化的焊丝金属以连续接触过渡或滴状过渡方式进入熔池中，具体过渡方式取决于送丝速度。连续接触过渡主要出现在焊接电流大、送丝速度快的焊接条件下；而滴状过渡出现在焊接电流较小、送丝速度较慢的情况下。一定电流下，送丝速度对熔滴过渡的影响方式见图 5-30。

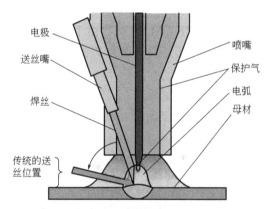

图 5-29　TOP-TIG 焊焊接过程示意图

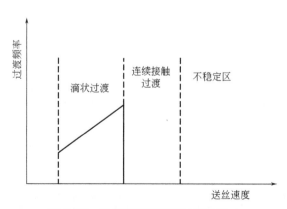

图 5-30　送丝速度对熔滴过渡的影响

2）TOP-TIG 焊特点及应用

TOP-TIG 焊的优点如下。

① 与普通填丝 TIG 焊相比，操作方便灵活，因为不需要控制焊丝的送进方向，特别适合于机器人焊接。

② 焊接速度快，能量利用率高。焊丝的加热利用钨极附近电弧高温区热量，而普通 TIG 焊时这部分热量是无法利用的，这样显著提高了电弧热量利用率，提高了熔敷速度和焊接速度。

③ 与 MIG/MAG 焊相比，焊缝质量好，没有飞溅，噪音小。

④ 钨极到工件的距离对焊接质量的影响不像 TIG 焊那样大，拓宽了工艺窗口。

TOP-TIG 焊对钨极端部形状要求极其严格，因此只能采用直流正极性接法进行焊接，不能采用交流电弧。

TOP-TIG 焊可用来焊接镀锌钢、不锈钢、钛合金和镍金合金等，焊接薄板时效率高于 MIG/MAG 焊。由于不能采用交流电流，因此这种方法一般不用于铝、镁等活泼金属及其合金的焊接。

3）TOP-TIG 焊工艺参数选择　TOP-TIG 焊的主要工艺参数有丝极间距（钨极到焊丝端部的距离）、钨极直径、焊丝直径、焊接电流、送丝速度和焊接速度等。丝极间距一般取焊丝直径的 1～1.5 倍。常用的钨极直径为 2.4mm 和 3.2mm，电流上限分别为 230A 和 300A。常用的焊丝直径有 0.8mm、1.0mm 和 1.2mm 三种。主要焊接参数对焊缝成形的影响规律见表 5-8。

表 5-8　主要焊接参数对焊缝成形的影响规律

| 参数 | 变化趋势 | 焊缝成形变化趋势 | | |
| --- | --- | --- | --- | --- |
| | | 熔深 | 熔宽 | 余高 |
| 焊接电流 | 增大 | 增大 | 增大 | 减小 |
| | 减小 | 减小 | 减小 | 增大 |
| 电弧电压 | 增大 | 减小 | 增大 | 减小 |
| | 减小 | 增大 | 减小 | 增大 |
| 送丝速度 | 增大 | 减小 | 减小 | 增大 |
| | 减小 | 增大 | 增大 | 减小 |
| 焊接速度 | 增大 | 减小 | 减小 | 减小 |
| | 减小 | 增大 | 增大 | 增大 |

# 5.4　激光焊

## 5.4.1　激光焊原理、特点及应用

### (1) 激光焊原理

激光焊是利用聚焦激光束作热源的一种高能量密度的熔化焊方法。加热过程实质上是激光与非透明物质相互作用的过程。

激光照射到材料表面时，在不同的功率密度下，材料将发生温升、表层熔化、气化、形成小孔及产生等离子体等现象，如图 5-31 所示。

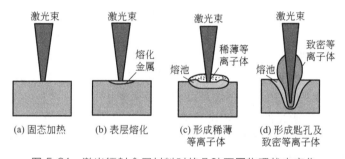

图 5-31　激光辐射金属材料时的几种不同物理状态变化

激光功率密度较低（$<10^4\,\mathrm{W/cm^2}$）、辐射时间较短时，金属吸收激光的能量只能引起材料由表及里的温度上升，这适用于零件的表面热处理。

激光功率密度达到 $10^4 \sim 10^6\,\mathrm{W/cm^2}$ 且辐射时间较长时，材料表层熔化，且液-固相分界面逐渐向材料深处移动。这适用于金属表面重熔、合金化、熔覆和熔入型焊接。

激光功率密度 $>10^6\,\mathrm{W/cm^2}$ 时，材料表面熔化且蒸发，金属蒸气聚集在材料表面附近并弱电离，这种电离度较低的金属蒸气称为弱等离子体，它有利于工件对激光的吸收。金属蒸气的反作用力还使熔池金属表面凹陷。这适用于熔入型焊接。

功率密度 $>10^7\,\mathrm{W/cm^2}$ 时，材料表面强烈蒸发，形成强等离子体，这种致密的等离子体对激光有屏蔽作用，显著降低工件对激光的吸收率。在较大的蒸气反作用力下，在熔化金属内部形成一个小孔，又称匙孔。

该孔的出现有利于材料对激光的吸收。这适用于穿孔型焊接、材料切割和打孔等。

（2）激光焊的特点

与一般焊接方法相比，激光焊具有下列几个特点。

① 聚焦后，激光光斑直径可小到 0.01mm，具有很高的功率密度（高达 $10^{13}W/m^2$），焊接多以穿孔方式进行。

② 激光加热范围小（<1mm），在相同功率和焊件厚度条件下，其焊接速度最高可达 10m/min 以上。

③ 焊接热输入低，故焊缝和热影响区窄、焊接残余应力和变形小，可以焊接精密零件和结构，焊后无须矫正和机械加工。

④ 通过光导纤维或棱镜改变激光传输方向，可进行远距离焊接或一些难以接近部位的焊接。由于激光能穿透玻璃等透明体，适用于在密封的玻璃容器里焊接铍合金等剧毒材料。

⑤ 可以焊接一般焊接方法难以焊接的材料，如高熔点金属、陶瓷、有机玻璃等。

⑥ 与电子束焊相比，激光焊不需要真空室，不产生 X 射线，光束不受电磁场作用。但可焊厚度比电子束焊小。

⑦ 激光的电光转换及整体运行效率都很低。此外，激光会被光滑金属表面部分反射或折射，影响能量向工件传输，所以焊接一些高反射率的金属还比较困难。

⑧ 设备投资大，特别是高功率连续激光器的价格昂贵。此外，焊件的加工和组装精度要求高，工装夹具精度要求也高。只有高生产率才能显示其经济性。

（3）激光焊的主要应用

固体激光焊或脉冲气体激光焊可焊接铜、铁、锆、钽、铝、钛、铌等金属及其合金，也可焊接石英、玻璃、陶瓷、塑料等非金属材料。连续 $CO_2$ 气体激光焊可焊接大部分金属与合金，但难以焊接铜、铝及其合金（因为这两种金属的激光反射率高、吸收率低）。

激光焊已广泛用于航天、航空、电子仪表、精密仪器、汽车制造、游艇、医疗器械等行业。既可用来焊接由金属丝或金属箔构成的精密小零件，又可用于焊接厚度较大的金属结构件。

激光焊还能与电弧热、电阻热、摩擦热等热源复合起来进行复合焊，如激光-MIG 复合焊等，大大提高了焊接质量和效率，降低了制造成本。

## 5.4.2　激光焊接系统

激光焊机器人系统主要由激光焊接系统（激光器、光束传输、聚焦系统和焊枪）机器人、变位机、电源及控制装置、气源和水源、操作盘和数控装置等组成，如图 5-32 所示。

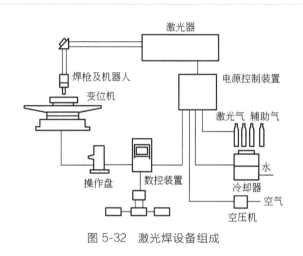

图 5-32　激光焊设备组成

（1）激光器

激光器是通过使受激原子或分子的电子从高能级跃迁到低能级来产生相干光束的一种设备。根据工作介质的类型，激光器分为固体激光器和气体激光器。

1）固体激光器　固体激光器的工作介质为红宝石、YAG 或钕玻璃棒等，激光器主要由激光工作介质、聚光器、谐振腔（全反射镜和部分反射镜）、泵灯、电源及控制设备组成，如图 5-33 所示。电源对储能电容充电，在触发电路控制下向泵灯（氙灯）放电，泵灯发出一束强光，集中照在工作介质上，工作介质被激励而产生激光，激光在谐振腔中振荡放大后通过部分反射镜的窗口输出。调节储能电容上的电压，激光器即可输出不同能量的激光。固体激光可通过光纤传输。

固体激光的波长与工作介质有关，红宝石为 $0.69\mu m$，YAG（钇铝石榴石）为 $1.06\mu m$。

工业用脉冲 Nd：YAG 激光器输出的平均功率较低，但峰值功率却高于平均功率的 15 倍；而连续 Nd：YAG 激光器输出功率达 5kW 以上，故比脉冲的具有更高的加工速度。

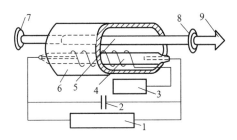

图 5-33  固体激光器组成示意图

1—高压电源；2—储能电容；3—触发电路；4—泵灯；5—激光工作介质；
6—聚光器；7—全反射镜；8—部分反射镜；9—激光

使用氙灯作为激励器件的固体激光器称为灯泵浦激光器。采用激光二极管作为激励器件时则称为二极管泵浦激光器。二极管泵浦 Nd：YAG 激光器的波长较短，约在 $0.85 \sim 1.65 \mu m$ 之间。功率为 $550 \sim 4400W$ 的激光器即可用于焊接与切割了。

2）气体激光器　气体激光器多为 $CO_2$ 激光器，采用 $CO_2$、$N_2$ 和 He 的混合气体为工作介质。$CO_2$ 激光的波长为 $10.6 \mu m$，是固体（Nd：YAG）激光的 10 倍。焊接和切割常用的 $CO_2$ 激光器有快速轴流式和横流式两种。

① 轴流式 $CO_2$ 激光器。图 5-34 为快速轴流式 $CO_2$ 激光器的结构示意图。它由放电管、谐振腔、高速风机以及热交换器等组成。气体在放电管内以接近声速的速度流动，同时也带走激光腔体内的废热。在放电管内可有多个放电区（图中为 4 个），高压直流电源在其间形成均匀的辉光放电。这类激光器的输出模式为 $TEM_{00}$ 模式和 $TEM_{01}$ 模式，很适合于焊接与切割使用。

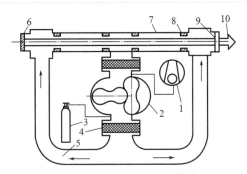

图 5-34  快速轴流式 $CO_2$ 激光器

1—真空系统；2—罗茨风机；3—激光工作气源；4—热交换器；5—气管；6—全反镜；
7—放电管；8—电极；9—输出窗口；10—激光束

② 横流式 $CO_2$ 激光器。图 5-35 为横流式 $CO_2$ 激光器的结构示意图。高速压气机使混合气体在放电区作垂直于激光束流动，其速度一般为 50m/s。气体直接与换热器进行热交换，因而冷却效果好。一般能获得 2kW 的输出功率。调节放电电流的大小即可调节激光器的输出功率。

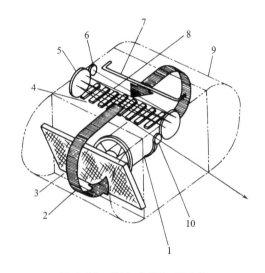

图 5-35 横流式 $CO_2$ 激光器

1—压气机；2—气流方向；3—换热器；4—阳极板；5—折射镜；6—全反镜；
7—阴极管；8—放电区；9—密封钢外壳；10—半反镜（窗口）

目前焊接与切割用激光主要是 YAG 激光和 $CO_2$ 激光，两种激光各有特点。

Nd：YAG 激光的优点是：

a. 大多数金属对 Nd：YAG 激光的吸收率比 $CO_2$ 激光大。

b. Nd：YAG 激光能通过光纤传播，有利于实现机器人焊接。

c. Nd：YAG 激光容易对中、转换和分光；激光器和光束传输系统所占空间较小。

$CO_2$ 激光的优点是：

a. 输出功率较大，电—光转换效率高，聚焦能力好，运行费用和安全防护成本低等。

b. 焊接对 $CO_2$ 激光波长反射率较低的材料时可获得较高的焊接速度，同时焊接熔深也较大。

（2）光束传输、聚焦系统和焊枪

光束传输和聚焦系统又称外部光学系统，用来把光束传输并聚焦到工件上，其端部安装提供保护或辅助气流的焊枪。图 5-36 是两种激光传输和聚焦系统的示意图。反射镜用于改变光束的方向，球面反射镜或透镜用来聚焦。在固体激光器中，常用光学玻璃制造反射镜和透镜。而对于 $CO_2$ 激光器，由于激光波长大，常用铜或反射率高的金属制成反射镜，用 GaAs 或 ZnSe 制造透镜。透射式聚焦用于中小功率的激光器，而反射式聚焦用于大功率激光器。

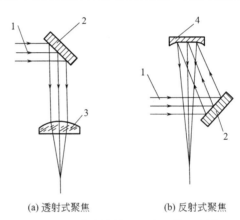

(a) 透射式聚焦　　　　　(b) 反射式聚焦

图 5-36　激光传输和聚焦系统示意图

1—激光束；2—平面反射镜；3—透镜；4—球面反射镜

## 5.4.3　激光焊焊缝成形方式

根据所用光束的功率密度大小，激光焊焊缝成形方式分为熔入型焊接和穿孔型焊接两种形式。熔入型焊接熔池行为和焊接工艺过程与电弧焊基本类似。

穿孔型激光焊的最大特点是有小孔效应。在激光束的照射下，工件不仅发生熔透，而且在强大的蒸发反力的作用下，激光束下面形成一个贯穿工件厚度的小孔，小孔周围是熔化的液态金属，这个充满蒸汽的小孔就像"黑体"一样，将入射的激光能量全部吸收。光束向前移动时，液态金属绕小孔流向后方形成如图 5-37 所示的涡流。此后，小孔后方液体金属因热传导的作用，温度降低，逐渐凝固而形成焊缝。

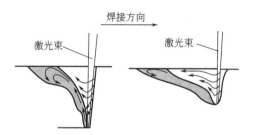

图 5-37　小孔周围液体金属的流动

当功率密度较高时产生的小孔能穿透整个焊件的厚度，可以获得全熔透的焊缝，如图 5-38 所示。

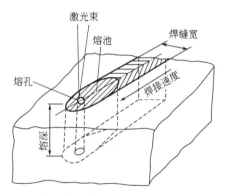

图 5-38　激光穿孔型焊接焊缝成形特点

## 5.4.4　激光焊工艺参数

（1）入射光束功率

入射光束功率是影响焊接熔深的主要参数。在一定束斑直径下，增加激光功率可提高焊接速度和增大焊接熔深。激光功率、焊接速度和焊接熔深之间的基本关系如图 5-39 所示。

（2）激光波长

波长影响吸收率，波长越短吸收率越高，如铝和紫铜对固体激光的吸收率高，而对气体激光的吸收率则很低。

（3）光斑直径和离焦量

光斑直径越小，光束的有效区间变窄，可焊接厚度越大的材料。

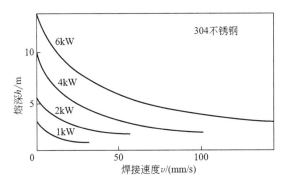

图 5-39　激光功率、焊接速度和焊接熔深之间的基本关系

激光焦点上光斑中心的功率密度很高，焦点位于工件表面上时易导致过量的蒸发，因此，激光焊接通常需要一定的离焦量。焦平面位于工件表面上方为正离焦，反之为负离焦。在实际应用中，当要求熔深较大时，采用负离焦；焊接薄材料时，宜用正离焦。

（4）焊接速度

焊接速度影响焊接熔深和熔宽。穿孔型焊接时，熔深几乎与焊接速度成反比。在一定的功率下，一定的熔深需要合适的焊接速度，过高的焊接速度会导致未焊透或咬边等缺陷；过慢的焊接速度会导致熔宽急剧增加，甚至引起塌陷或烧穿缺陷。

（5）保护气体的成分和流量

焊接时使用保护气体，一是为了保护被焊部位免受氧化，二是为了抑制大功率焊接时产生大量等离子体。

He 可显著改善激光的穿透力，这是因为 He 的电离势高，不易产生等离子体；而 Ar 的电离势低，易产生等离子体。若在 He 中加入 $1\%$（体积分数）的具有更高电离势的 $H_2$，则会进一步改善激光束的穿透力，增大熔深。空气和 $CO_2$ 对光束穿透力的影响介于两者之间。

随着流量的增大，熔深增大，但超过一定值后，熔深基本上维持不变。因为流量从小变大时，保护气体去除熔池上方等离子体的作用是逐渐加强的，从而减小了等离子体对光束的吸收和散射作用。一旦流量达到一定值后，其抑制等离子体的作用不再随着流量增大而加强，而且过大的流量还会引起焊缝表面凹陷和气体的过多消耗。

（6）脉冲参数

脉冲激光焊时，脉冲能量主要影响金属的熔化量，脉冲宽度则影响熔深。

不同材料各有一个最佳脉冲宽度使熔深最大，例如，焊铜时脉冲宽度为 $(1\sim5)\times10^{-4}$ s，焊铝时为 $(0.5\sim2)\times10^{-2}$ s，焊钢时为 $(5\sim8)\times10^{-3}$ s。

# 5.5 搅拌摩擦焊工艺

## 5.5.1 搅拌摩擦焊原理、特点及应用

（1）原理

搅拌摩擦焊是利用搅拌头与母材的摩擦热及搅拌头顶锻压力进行焊接的一种方法，如图 5-40 所示。首先，搅拌头高速旋转，搅拌针钻入被焊材料的接缝处，搅拌针与接缝处的母材金属摩擦生热，轴肩与被焊表面摩擦也产生部分热量，这些热量使搅拌头附近的金属形成热塑性层。搅拌头前进时，搅拌头前面形成的热塑性金属转移到搅拌头后面，填满后面的空隙，形成焊缝。焊缝形成过程是金属被挤压、摩擦生热、塑性变形、迁移、扩散、再结晶过程。

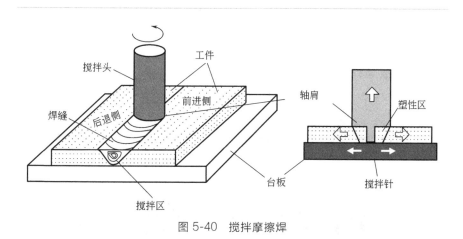

图 5-40　搅拌摩擦焊

（2）搅拌摩擦焊的特点

1）优点

① 接头质量高。搅拌摩擦焊属于固相焊接，不会产生与材料熔化和凝固相关的缺陷，如气孔、偏析和夹杂等。接头各个区域的晶粒细、组织致密、夹杂物弥散分布。接头性能好、质量稳定、可重复性好。

②　生产率高，生产成本低。搅拌摩擦焊不需填充材料和焊剂，也不需保护气体，工件留余量少，焊前无须特殊清理，也不需要开坡口，焊后接头也无须去飞边，与电弧焊相比，成本可降低 30% 左右。

③　焊接尺寸精度高。由于焊接温度低，焊接变形小，搅拌摩擦焊可以实现高精度焊接。

④　自动化程度高。整个焊接过程由自动焊机或机器人控制，可以避免操作人员造成的人为因素缺陷，而且焊接质量不依赖于操作人员的技术水平。

⑤　环境清洁。焊接时不会产生烟尘、弧光辐射以及其他有害物质，因而无须安装排烟、换气装置。

2)　摩擦焊的缺点和局限性

①　目前的搅拌摩擦焊仅适于轻质金属材料（如铝、镁合金等）的对接和搭接焊，对于高强度材料，如钢、钛合金，以及粉末冶金材料焊接尚有困难。

②　焊接设备相对较为复杂，一次性投资较大，只有在大批量生产时才能降低生产成本。搅拌头磨损严重，使用寿命不长。

3)　适用范围　搅拌摩擦焊仅适合塑性好的材料，主要用于铝及铝合金的焊接。可焊接的接头形式有对接、搭接、角接和 T 形接头等，如图 5-41 所示。目前主要用在航空航天、高铁、铝制压力容器、游艇制造等行业。

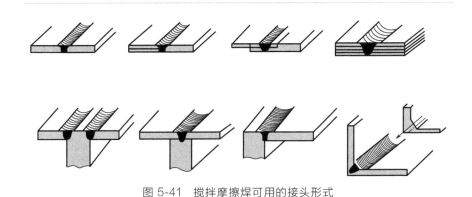

图 5-41　搅拌摩擦焊可用的接头形式

## 5.5.2　搅拌摩擦焊焊头

搅拌摩擦焊焊接时两被焊工件不转动，需要转动的是搅拌头，实现搅拌头转动的传动机构比较简单。图 5-42 为搅拌摩擦焊焊头的传动系统示意图，主要由主轴电动机、调速器、主轴箱、搅拌头、夹持器部分组成。但实现搅拌头相对于工件在 $x$、$y$、$z$ 三个坐标方向运动的机构则较为复杂，$z$ 轴为搅拌头提供焊接压力和焊接深度控制，通过改变搅拌头与工件之间的距离可以实现；$x$、$y$ 轴的运动是使焊机具有直纵缝焊接和平面曲线焊缝焊接的能力，通常是借助支承搅拌头传动机构的机架与支承并夹紧工件的工作台之间的相对运动来实现。

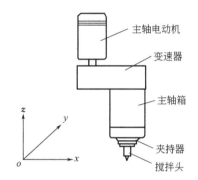

图 5-42　搅拌摩擦焊焊头传动系统示意图

## 5.5.3 搅拌摩擦焊焊接参数

搅拌摩擦焊的焊接参数有搅拌头的倾角、旋转速度、焊接速度、插入深度、插入速度、插入停留时间、焊接压力、回抽停留时间、回抽速度和搅拌头形状等。

（1）搅拌头的倾角

搅拌头一般要倾斜一定角度，其主要目的是减小前行阻力并使搅拌头肩部的后沿能够对焊缝施加一定的顶锻力。对于厚度为 1～6mm 的薄板，搅拌头倾角通常选 1°～2°（搅拌头指向焊接方向）；对于厚度大于 6mm 的中厚板，一般取 3°～5°。

（2）旋转速度

搅拌头的转速是主要焊接参数之一，需要与焊接速度相匹配。对于任何材料，一定的焊接速度对应着一定的旋转速度适用范围，在此范围内可获得高质量的接头。转速过低，摩擦热不足，不能形成良好的热塑性层，焊缝中形成孔洞缺陷。转速过高，搅拌针附近母材温度过高，高温母材粘连搅拌头，也难以形成良好的接头。

根据搅拌头的旋转速度，搅拌摩擦焊接规范可以分为冷规范、弱规范和强规范，各种铝合金材料焊接规范分类如表 5-9 所示。

表 5-9　铝合金材料焊接规范的分类

| 规范类别 | 搅拌头旋转速度/(r/min) | 适合的铝合金材料 |
| --- | --- | --- |
| 冷规范 | <300 | 2024、2214、2219、2519、2195、7005、7050、7075 |
| 弱规范 | 300~600 | 2618、6082 |
| 强规范 | >600 | 5083、6061、6063 |

（3）焊接速度

焊接速度是指搅拌头与工件之间沿接缝移动的速度。主要根据工件厚度确定，此外还须考虑生产效率及搅拌摩擦焊工艺柔性等因素。

表 5-10 给出了不同厚度铝合金材料搅拌摩擦焊时的焊接速度。

表 5-10　不同厚度铝合金材料搅拌摩擦焊时的焊接速度

| 板材厚度/mm | 焊接速度/(mm/min) | 适用材料 |
| --- | --- | --- |
| 1~3 | 30~2500 | 5083、6061、6063 |
| 3~6 | 30~1200 | 6061、6063 |
| 6~12 | 30~800 | 2219、2195 |
| 12~25 | 20~300 | 2618、2024、7075 |
| 25~50 | 10~80 | 2024、7075 |

（4）插入深度

搅拌头的插入深度一般指搅拌针插入被焊材料的深度，但是考虑到搅拌针的长度一般为固定值，所以搅拌头的插入深度也可以用轴肩后沿低于板材表面的深度来表示。对薄板材料一般为 0.1~0.3mm，对中厚板材料，此深度一般不超过 0.5mm。

（5）插入速度

插入速度指搅拌针在插入工件过程中所用的旋转速度，一般根据搅拌针类型和板厚来选择。若插入过快，在被焊材料尚未完全达到热塑性状态的情况下会对设备主轴造成极大损害。若插入过慢，则会造成温度过热而影响焊接质量。

搅拌针为锥形时，插入速度约为 15~30mm/min；搅拌针为柱形时，插入速度应适度降低，约为 5～25mm/min。焊接厚板（＞12mm）时，插入速度约为 10～20mm/min；焊接薄板（厚度为 0.8～12mm）时，插入速度约为 15～30mm/min。

（6）插入停留时间

插入停留时间指搅拌针插入工件达预定深度后、搅拌头开始横向移动之前的这段时间，根据工件材料及板厚选择。若停留时间过短，焊缝温度尚未达到平衡状态就开始横向移动，则会导致隧道形孔洞缺陷；若停留时间过长，则被焊材料过热，易导致成分偏聚、焊缝表面渣状物、S形黑线缺陷等。

对于薄板、塑性流动好的材料或者对热敏感材料，插入停留时间宜短一些，一般取 5～20s。

（7）焊接压力

焊接时搅拌头向焊缝施加的轴向顶锻压力通常根据工件的强度和刚度、搅拌头的形状、搅拌头压入深度等选择。搅拌摩擦焊的焊接压力在正常焊接时一般是保持恒定的。

（8）回抽停留时间

回抽停留时间是指搅拌头横向移动停止后，搅拌针尚未从工件中抽出的停留时间。若此时间过短，焊接部位热塑性流动尚未完全达到平衡状态，将会在焊缝尾孔附近出现孔洞；若停留时间过长，则焊缝过热易发生成分偏聚，影响焊缝质量。

（9）回抽速度

回抽速度是指搅拌针从焊件抽出的速度，其数值主要根据搅拌针的类型及母材厚度选择。若回抽过快，母材上的热塑性金属会随搅拌针回抽而形成惯性向上运动，从而造成焊缝根部的金属缺失，出现孔洞。

对于锥形搅拌针，回抽速度通常为 15～30mm/min；对于圆柱形搅拌针，回抽速度应适度降低，约为 5～25mm/min。

（10）搅拌头形状

搅拌头形状对焊缝成形具有很大的影响。厚度小于 12mm 的铝合金一般采用柱状螺纹搅拌头，如图 5-43（a）所示，厚度大于 12mm 的铝合金通常采用锥状螺纹搅拌头或爪状螺纹搅拌头，如图 5-43（b）、（c）所示。后两种搅拌头可运行较大的焊接速度。

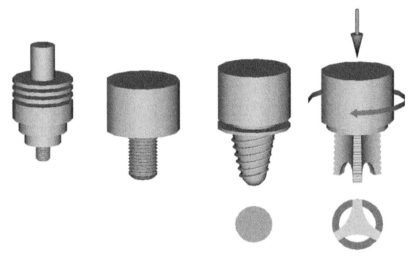

(a) 柱状螺纹搅拌头          (b) 锥状螺纹搅拌头     (c) 爪状螺纹搅拌头

图 5-43　铝合金搅拌摩擦焊常用的搅拌头

第6章

焊接机器人的
应用操作技术

# 6.1 机器人的示教操作技术

机器人示教器作为操作人员与机器人之间的人机交互工具，可以控制机器人完成特定的运动，同时具有一定的监控操作功能，是工业机器人的主要组成部分之一。

## 6.1.1 示教器及其功能

示教器简称 TP（teach pendant 的缩写），又称示教盒，是应用工具软件与用户之间的接口装置，通过示教器可以控制大多数机器人操作。示教器通过电缆与机器人控制装置连接，在使用它之前必须了解示教器的功能和各个按键的使用方法。不同机器人系统的示教器布局结构有所不同，但功能基本相同。以发那科（FANUC）机器人系统为例阐述示教器的结构及功能，示教器正面如图 6-1 所示，背面如图 6-2 所示。

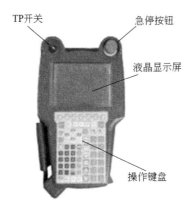

图 6-1　机器人示教器正面

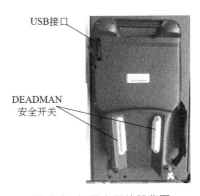

图 6-2　机器人示教器背面

示教器由如下构件构成：

① 640×480 分辨率的液晶画面；

② 2 个 LED；

③ 68 个键控开关（其中 4 个专用于各应用工具）；

④ 示教器有效开关；

⑤ 安全开关；

⑥ 急停按钮。

示教器在进行如下操作时使用：

① 机器人的点动进给；

② 程序创建；

③ 程序的测试执行；

④ 操作执行；

⑤ 状态确认。

（1）示教器开关功能

1）急停按钮　按下急停按钮切断伺服开关可立刻停止机器人和外部轴的操作运转。当出现突发紧急情况时，及时按下红色按钮，机器人将锁住停止运动。待危险或报警解除后，顺时针旋转按钮，将自动弹起释放该开关，急停按钮如图 6-3 所示。

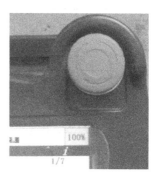

图 6-3　急停按钮

2）DEADMAN 安全开关　安全开关在操作时确保操作者的安全。当 TP 有效时，轻按一个或两个 DEADMAN 开关打开伺服电源，可手动操作机器人；当两个开关同时被释放或同时被用力按下时，切断伺服开关，机器人立即停止运动，并出现报警，安全开关如图 6-4 所示。

3）TP 开关　TP 开关控制示教器的有效或无效：开关拨到 ON，TP 有效；开关拨到 OFF，TP 无效（示教器被锁住，无法使用）。TP 开关如图 6-5 所示。

图 6-4　DEADMAN 安全开关

图 6-5　TP 开关

（2）示教器显示屏

1）示教器画面　示教器采用 7 寸液晶显示屏，显示屏各位置显示含义如图 6-6 所示。

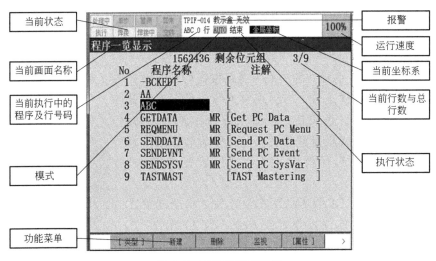

图 6-6　示教器屏幕显示

2）状态窗口　示教器显示窗口的最上面一行为状态窗口，如图 6-7 所示，上面有 8 个用来显示机器人工作状态的 LED、报警显示和倍率值显示。软件 LED 显示的含义如表 6-1 所示，带有图标的显示表示"ON"，不带图标的显示表示"OFF"。

图 6-7　状态窗口

表 6-1　8 个 LED 显示代表的含义

| 显示 LED | 含义 |
|---|---|
| 处理 | 绿色表示机器人正在进行某项作业 |
| 单步 | 黄色表示处在单步执行程序模式 |
| 暂停 | 红色表示已按下 HOLD（暂停）按钮，或者输入 HOLD 信号，处于暂停阶段 |
| 异常 | 红色表示发生异常 |

续表

| 显示 LED | 含义 |
|---|---|
| 执行 | 绿色表示正在执行程序 |
| 焊接 | 绿色表示打开焊接功能 |
| 焊接中 | 绿色表示正在进行焊接 |
| 空转 | 应用程序固有的 LED 显示 |

（3）示教器 LED 指示灯

示教器有 2 个 LED 指示灯，如图 6-8 所示。

① POWER（电源指示灯） 灯亮表示控制装置电源已接通。

② FAULT（报警指示灯） 灯亮表示发生错误报警。

（4）示教器操作键

示教器操作按键如图 6-9 所示。

图 6-8 LED 指示灯

图 6-9 操作按键

1）示教器按键功能

示教器各按键详细功能参考表 6-2。

表 6-2 示教器按键功能

| 按键 | 功能 |
|---|---|
| F1、F2、F3、F4、F5 | 功能键，用来选择屏幕最下行的功能键菜单 |
| PREV | 返回键，将屏幕界面返回到之前显示的界面 |

续表

| 按键 | 功能 |
| --- | --- |
| NEXT | 翻页键,将功能键菜单切换至下一页 |
| SHIFT | SHIFT 键与其他按键同时按下,可以进行 JOG 进给、位置数据的示教、程序的启动等 |
| MENU | 菜单键,显示菜单界面 |
| SELECT | 一览键,显示程序一览界面 |
| EDIT | 编辑键,显示程序编辑界面 |
| DATA | 数据键,显示数据界面 |
| FCTN | 辅助键,显示辅助功能菜单 |
| DISP/□ | 界面切换键,与 SHIFT 键同时按下,分割屏幕(单屏、双屏、三屏、状态/单屏) |
| ↑、↓、←、→ | 光标键,用来移动光标(光标是指可在示教操作盘界面上移动的、反相显示的部分) |
| RESET | 报警消除键 |
| BACK SPACE | 删除键,删除光标位置之前一个字符或数字 |
| ITEM | 项目选择键,输入行编号后移动光标 |
| ENTER | 确认键,用于确认数值的输入和菜单的选择 |
| WELD ENBL | 切换焊接的有效/无效(同时按下 SHIFT 键使用)。单独按下此键将显示测试执行和焊接界面 |
| WIRE+ | 手动送丝 |
| WIRE- | 手动抽丝 |
| OTF | 显示焊接微调整界面 |
| DIAG/HELP | 诊断/帮助键,显示系统版本(同时按下 SHIFT 键使用)。单独按下此键切换到报警界面 |
| POSN | 位置显示键,显示当前机器人所处位置坐标 |
| I/O | 输入/输出键,显示 I/O 界面 |
| GAS/STATUS | 气检(同时按下 SHIFT 键使用)。单独按下此键将显示焊接状态界面 |
| STEP | 单步模式与连续模式切换键,测试运转时的步进运转和连续运转的切换 |
| HOLD | 暂停键,暂停程序的执行 |
| FWD、BWD | 前进键、后退键(同时按下 SHIFT 键使用)用于程序的启动 |
| COORD | 切换坐标系 |
| +%、-% | 倍率键,进行速度倍率的变更 |
| +X、+Y、+Z、-X、-Y、-Z | JOG 键(同时按下 SHIFT 键使用),手动移动机器人 |

2）常用按键功能使用详解

① F1、F2、F3、F4、F5　F1～F5 ——对应屏幕最下方的功能键菜单，如图 6-10 所示。

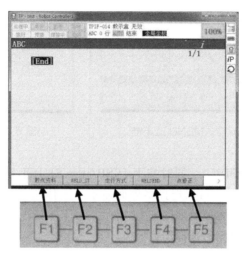

图 6-10　F1~ F5 功能键

② NEXT　翻页键，将功能键菜单切换到下一页，如图 6-11 所示，显示下一页功能键菜单。

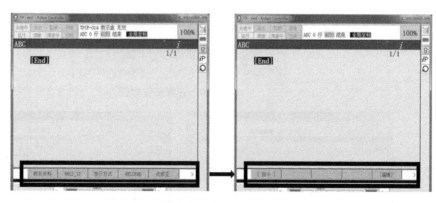

图 6-11　NEXT 翻页键

③ MENU、SELECT　按下 MENU 菜单键显示主菜单界面，如图 6-12 所示；按下 SELECT 选择键显示程序一览界面，如图 6-13 所示。

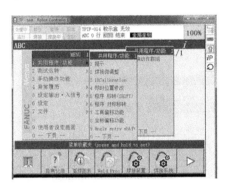

图 6-12　MENU 菜单键

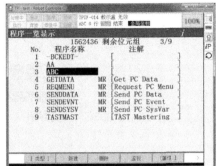

图 6-13　SELECT 选择键

④ DISP/□　同时按下 DISP/□＋SHIFT 键进入分屏操作界面，如图 6-14 所示，可以选择多界面显示。选择两个界面显示如图 6-15 所示，选择三个界面显示如图 6-16 所示，按下 DISP/□键可以在多界面显示下进行当前界面的选择切换。

图 6-14　分屏操作界面

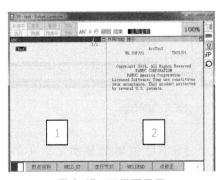

图 6-15　双界面显示

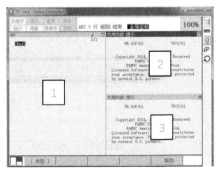

图 6-16　三界面显示

⑤ WELD ENBL　焊接开关键，屏幕左上角的焊接开关为黄色时处于焊接功能关闭状态，如图 6-17 所示；同时按下 WELD ENBL＋SHIFT 键切换焊接的打开/关闭，焊接开关为绿色时处于焊接打开状态，如图 6-18 所示。

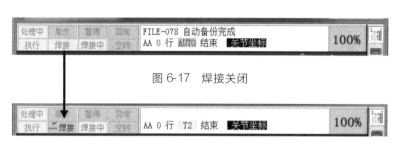

图 6-17　焊接关闭

图 6-18　焊接打开

⑥ STEP　程序执行模式切换键，屏幕左上角的单步开关为绿色时处于连续执行程序模式，如图 6-19 所示；按下 STEP 键切换程序执行模式，单步开关为黄色时处于单步执行程序模式，如图 6-20 所示。

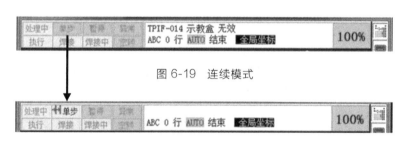

图 6-19　连续模式

图 6-20　单步模式

⑦ COORD　坐标系切换键，单击 COORD 键，依次进行如下切换："JOINT"（关节）→"WORLD"（全局/世界）→"TOOL"（工具）→"USER"（用户）→"JOINT"（关节），如图 6-21 所示。

⑧ ＋%、－%　倍率键，用来进行机器人运行速度倍率的变更。单击＋%、－%键，依次进行如下切换："VFINE"（微速）→"FINE"（低速）→"1%2%3%4%5%→10%→15%→100%"，如图 6-22 所示；同时按下＋%、－%＋SHIFT 时，依次进行如下切换："VFINE"（微速）→"FINE"（低速）→"5%→25%→50%→100%"，如图 6-23 所示。

| 处理中 | 单步 | 暂停 | 报警 | PROG-048 执行中,放开[SHIFT]键 (AA) | 10% |
| 执行 | 焊接 | 焊接中 | 空转 | AA 4 行 T2 暂停 **关节坐标** | |

| 处理中 | 单步 | 暂停 | 报警 | PROG-048 执行中,放开[SHIFT]键 (AA) | 10% |
| 执行 | 焊接 | 焊接中 | 空转 | AA 4 行 T2 暂停 **全局坐标** | |

| 处理中 | 单步 | 暂停 | 报警 | PROG-048 执行中,放开[SHIFT]键 (AA) | 10% |
| 执行 | 焊接 | 焊接中 | 空转 | AA 4 行 T2 暂停 **工具坐标** | |

| 处理中 | 单步 | 暂停 | 报警 | PROG-048 执行中,放开[SHIFT]键 (AA) | 10% |
| 执行 | 焊接 | 焊接中 | 空转 | AA 4 行 T2 暂停 **用户坐标** | |

图 6-21　坐标系切换

 微速-低速-1%2%3%4%5%-10%-15%-100%

图 6-22　单击倍率键时速度倍率变更

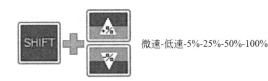 微速-低速-5%-25%-50%-100%

图 6-23　同时按倍率键和 SHIFT 键时速度倍率变更

## 6.1.2　程序操作（创建、删除、复制）

（1）程序的创建

创建程序首先要确定程序名，使用程序名来区别存储在控制装置存储器中的程序。

1）程序名的命名规则

① 在相同控制装置内不能创建 2 个以上相同名称的程序。

② 程序名的长度为 1~8 个字符。

③ 程序名不能以数字或字符作为首字母。

④ 除首字母外，程序名可采用的字符仅限大写字母和数字。

⑤ 符号仅限"—"（一字线）。

⑥ 使用RSR的、用于自动运转的程序必须取名为RSRnnnn。其中，nnnn表示4位数，例如RSR0001，否则程序就不会运行。

⑦ 使用PNS的、用于自动运转的程序必须取名为PNSnnnn。其中，nnnn表示4位数，例如PNS0001，否则程序就不会运行。

2）程序创建步骤

① 按"SELECT"键，进入程序一览主界面（图6-24）。

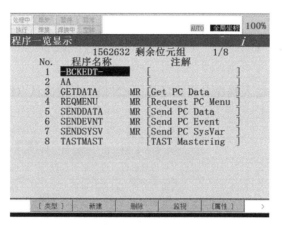

图6-24　程序一览主界面

② 按"F2"新建（图6-25）。

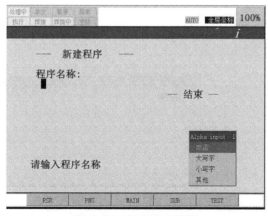

图6-25　新建程序界面

③ 按 "↓" 键选择命名方式。通过 F1～F5 按键及数字键输入字符（图 6-26）。

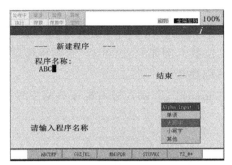

图 6-26　新建程序名称

④ 输入程序名完成后按 "ENTER" 键确认（图 6-27）。

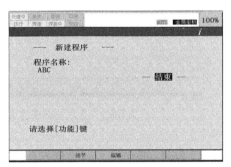

图 6-27　新建程序名称完成

⑤ 按 "F3" 编辑键进行程序编写（图 6-28）。

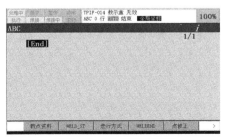

图 6-28　程序编写界面

（2）程序的删除

不需要的程序可以删除，但是没有终止的程序不能删除，删除前需
要终止程序。

**程序删除步骤：**

① 在程序选择页面，将光标移至需要删除的程序"ABC"（图 6-29）。

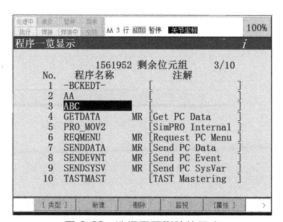

图 6-29　选择需要删除的程序

② 按"F3"删除，并选择是否删除（图 6-30）。

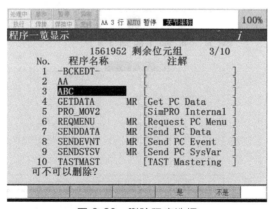

图 6-30　删除程序选择

③ 按"F4"，程序"ABC"即删除（图 6-31）。

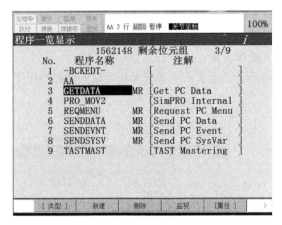

图 6-31 删除程序完成

(3) 程序的复制

可以将相同的内容复制到具有不同名称的程序中。

**程序复制步骤:**

① 在程序选择页面,将光标移到需要复制的程序 (图 6-32)。

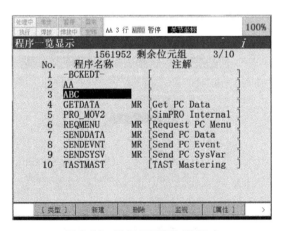

图 6-32 选择需要复制的程序

② 按 "NEXT" 键翻页,显示下一页菜单栏,选择复制 (图 6-33)。

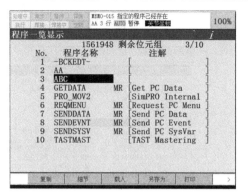

图 6-33 复制程序

③ 按 "F1" 复制并新建复制的程序名（图 6-34）。

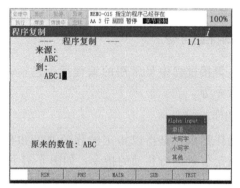

图 6-34 新建复制的程序名

④ 按 "ENTER" 键确认并按 "F4" 选择 "是"（图 6-35）。

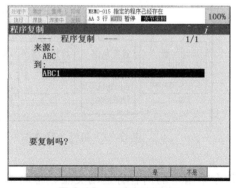

图 6-35 程序复制选择

⑤ 程序"ABC"的内容即完全复制到程序"ABC1"（图 6-36）。

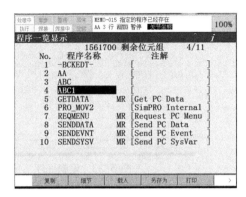

图 6-36　复制程序完成

## 6.1.3　常用编程指令

机器人焊接过程中最常用的编程指令包括动作指令、焊接起收弧指令、摆焊指令等。

（1）动作指令

所谓动作指令，是指以指定的移动速度和移动方式使机器人向作业空间内的指定位置进行移动的指令，如图 6-37 所示。

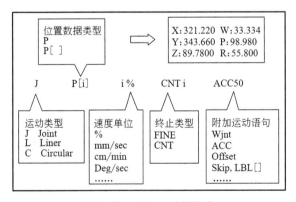

图 6-37　机器人动作指令

动作指令中指定的内容有运动类型（指向指定位置的移动方式）、位置数据（对机器人将要移动的位置进行示教）、移动速度（指定机器人的移动速度)、终止类型（指定是否在指定位置定位）、动作附加指令（指定在动作中执行附加指令）。

1）运动类型　运动类型是向指定位置的移动方式，动作类型有不进行轨迹控制/姿势控制的关节运动（J）、进行轨迹控制/姿势控制的直线运动（L）和圆弧运动（C）。

① 关节运动（J）　关节运动是机器人在两个指定的点之间任意运动，移动中的刀具姿势不受控制，如图 6-38 所示。关节移动速度的指定，以相对最大移动速度的百分比来记述。

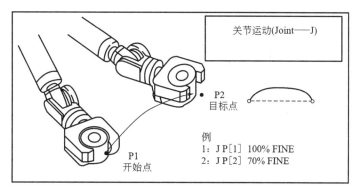

图 6-38　关节运动类型

机器人沿所有轴同时加速，在示教速度下移动后，同时减速后停止。移动轨迹通常为非线性，在对结束点进行示教时记述动作类型。

② 直线运动（L）　直线运动是机器人在两个指定的点之间沿直线运动，如图 6-39 所示，以线性方式对从动作开始点到目标点的移动轨迹进

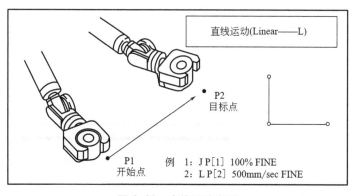

图 6-39　直线运动类型

行控制的一种移动方法，在对目标点进行示教时记述动作类型。直线移动速度的指定从 mm/sec、cm/min、inch/min、inch/sec 中予以选择。

③ 圆弧运动（C）　圆弧运动是机器人在三个指定的点之间沿圆弧运动，如图 6-40 所示，是从动作开始点通过中间经由点到目标点以圆弧方式对移动轨迹进行控制的一种移动方法。圆弧移动速度的指定从 mm/sec、cm/min、inch/min、sec 中予以选择，其在一个指令中对中间经由点和目标点进行示教。

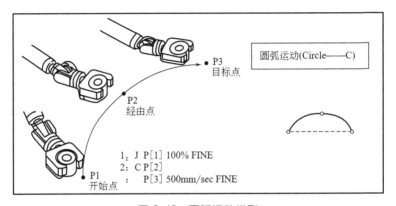

图 6-40　圆弧运动类型

**运动类型切换步骤：**

① 将光标移动至动作类型（图 6-41）。

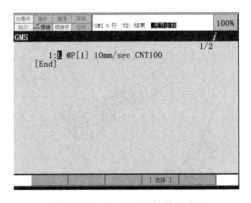

图 6-41　运动类型切换界面

② 按"F4"选择，显示如下界面（图 6-42）。

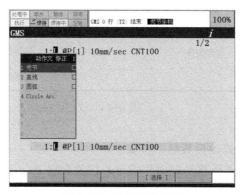

图 6-42 选择运动类型

③ 选择要设定的动作类型，按"ENTER"键确认（图 6-43）。

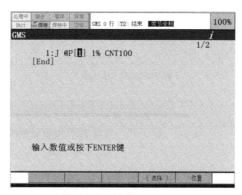

图 6-43 切换运动类型

2）位置数据　位置数据存储机器人的位置和姿势。在对动作指令进行示教时，位置数据同时被自动记忆写入程序。

位置数据包含位置和姿势两种数据。

① 位置（$X$，$Y$，$Z$）　以三维坐标值来表示笛卡儿坐标系中的刀尖点（刀具坐标系原点）位置。

② 姿势（$W$，$P$，$R$）　以围绕笛卡儿坐标系中的 $X$、$Y$、$Z$ 轴旋转的角度来表示。

在动作指令中，位置数据以位置变量（P[i]）或位置寄存器（PR[i]）来表示。标准设定下使用位置变量，位置变量与位置寄存器对比如图 6-44 所示。

图 6-44  位置数据类型

**查看/修改位置数据步骤:**

① 将光标移动到动作指令的位置数据上（图 6-45）。

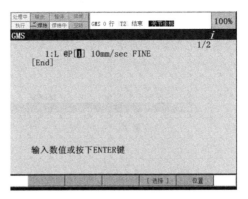

图 6-45  查看/修改位置数据界面

② 按 "F5" 位置，显示 X、Y、Z、W、P、R 为世界坐标系下位置数据（图 6-46）。

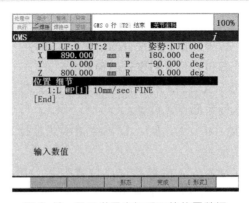

图 6-46  显示世界坐标系下的位置数据

③ 按"F5"形式，选择关节并按"ENTER"确定，切换显示关节坐标系位置数据（图 6-47）。

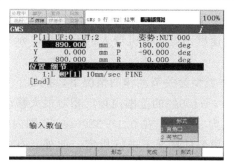

图 6-47　切换关节坐标系位置数据

④ 显示 J1、J2、J3、J4、J5、J6 为关节坐标系位置数据（图 6-48）。

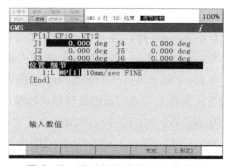

图 6-48　显示关节坐标系位置数据

⑤ 如需修改坐标值，将光标移动到相应的数值上输入新的数值按"ENTER"确认即可（图 6-49）。

图 6-49　修改坐标值

⑥ 查看或修改完毕后按"PREV"键退出。

3) 移动速度　在移动速度中设定机器人的运动速度。在程序执行中，移动速度受到速度倍率的限制，速度倍率值的范围为1%～100%。在移动速度中指定的单位，根据动作指令所示教的动作类型而不同。所示教的移动速度不可超出机器人的允许值。示教速度不匹配时，系统将发出报警。

① 动作类型为关节动作的情况下，按如下方式指定。

a. 在1%～100%的范围内指定相对最大移动速度的比率。

b. 单位为sec时，在0.1～3200sec范围内指定移动所需时间。在移动时间较为重要的情况下进行指定。此外，有的情况下不能按照指定时间进行动作。

c. 单位为msec时，在1～32000msec范围内指定移动所需时间。

② 动作类型为直线动作或圆弧动作的情况下，按如下方式指定。

a. 单位为mm/sec时，在1～2000mm/sec之间指定。

b. 单位为cm/min时，在1～12000cm/min之间指定。

c. 单位为inch/min时，在0.1～4724.4inch/min之间指定。

d. 单位为sec时，在0.1～3200sec范围内指定移动所需时间。

e. 单位为msec时，在1～32000msec范围内指定移动所需时间。

③ 移动方法为在刀尖点附近的旋转移动的情况下，按如下方式指定。

a. 单位为deg/sec时，在1～272deg/sec之间指定。

b. 单位为sec时，在0.1～3200sec范围内指定移动所需时间。

c. 单位为msec时，在1～32000msec范围内指定移动所需时间。

**移动速度单位切换步骤：**

① 将光标移动到移动速度上（图6-50）。

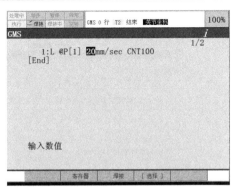

图6-50　移动速度单位切换界面

② 按 "F4" 选择（图 6-51）。

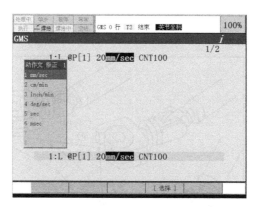

图 6-51 选择移动速度单位

③ 选择要设定的单位按 "ENTER" 键确认（图 6-52）。

图 6-52 切换移动速度单位

4）终止类型 终止类型定义动作指令中的机器人的动作结束方法，终止类型有以下两种。

① FINE 定位类型 机器人在目标位置停止（定位）后，再向着下一个目标位置移动。

② CNT 定位类型 机器人靠近目标位置，但不在该位置停止，而圆滑过渡后向着下一个目标位置移动。

机器人与目标位置的接近程度，用 0～100 范围内的值来定义。指定 0（CNT0）时，机器人在最靠近目标位置处动作，用不在目标位置定位而开始下一个动作。指定 100（CNT100）时，机器人在目标位置附近不减速而向着下一个点开始动作，并通过最远离目标位置的点，如图 6-53 所示。

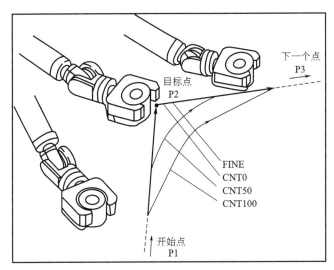

图 6-53　终止类型

**定位类型切换步骤：**

① 将光标移动到定位类型上（图 6-54）。

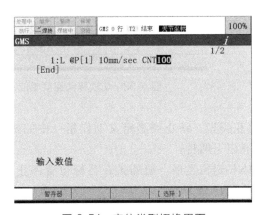

图 6-54　定位类型切换界面

② 按"F4"选择（图 6-55）。

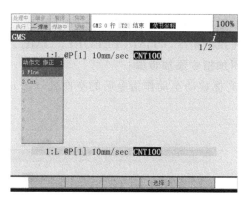

图 6-55　定位类型选择

③ 选择想要设定的定位类型并按下"ENTER"键确认（图 6-56）。

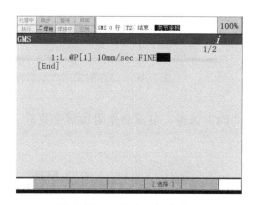

图 6-56　定位类型切换完成

5）动作附加指令　动作附加指令是在机器人动作中使其执行特定作业的指令。动作附加指令有如下一些：

- 机械手腕关节动作指令（Wjnt）
- 加减速倍率指令（ACC）
- 跳过指令（Skip，LBL[i]）
- 位置补偿指令（Offset）
- 刀具补偿指令（Tool＿Offset）
- 直接刀具补偿指令（Tool＿Offset，PR[i]）
- 路径指令（PTH）
- 附加轴速度指令（同步）（EVi％）

- 直接位置补偿指令（Offset，PR［i］）
- 附加轴速度指令（非同步）（Ind. EVi%）
- 预先执行指令（TIME BEFORE/TIME AFTER）

**动作附加指令添加步骤：**

① 将光标移动至动作指令后的空白处（图 6-57）。

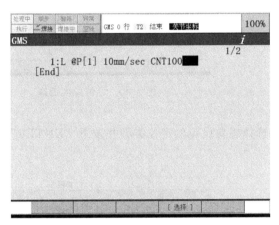

图 6-57　动作附加指令添加界面

② 按"F4"选择，显示动作附加指令菜单（图 6-58）。

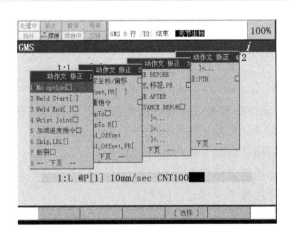

图 6-58　选择动作附加指令

③ 选择要添加的动作附加指令按"ENTER"键确认（图 6-59）。

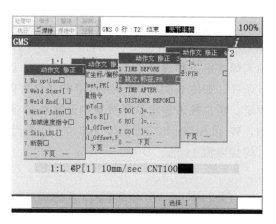

图 6-59 添加动作附加指令完成

(2)电弧指令

电弧指令是向机器人指示何时、怎样进行弧焊的指令。在执行弧焊开始（起弧）指令和弧焊结束（熄弧）指令之间所示教的动作指令的过程中，进行焊接。电弧指令包括弧焊开始指令（起弧）和弧焊结束指令（熄弧）。

1）弧焊开始指令（起弧指令）　弧焊开始指令（起弧指令）是使机器人开始执行弧焊的指令。弧焊开始指令有以下两种指令形式。

① Weld Start [i，i]　Weld Start [i，i] 指令是根据预先在弧焊条件画面中所设定的焊接条件，如图 6-60 所示，调用存储的焊接条件指令开始进行起弧。

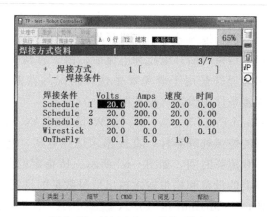

图 6-60　Weld Start [i,i]焊接条件

例如，Weld Start[1,1]：第一个 1 代表焊接方式 1，第二个 1 代表焊接条件 Schedule 1（电压 20V，电流 200A）。

② Weld Start [V，A，…]　Weld Start [V，A，…] 指令是在程序中直接输入焊接电压和焊接电流（或送丝速度）后开始焊接，不调用存储的焊接条件，如图 6-61 所示。所指定的条件种类和数量根据焊接装置种类的设定、模拟输入输出信号数量的设定和选项加以改变。

例如，Weld Start[1，18.0V，190.0A]：1 代表焊接方式 1；焊接电压 18V；焊接电流 190A。

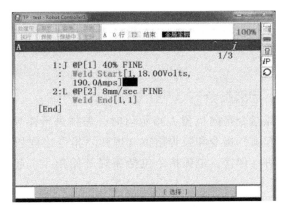

图 6-61　Weld Start [V，A，…] 焊接指令

2）弧焊结束指令（熄弧指令）　弧焊结束指令（熄弧指令）是指示机器人完成弧焊的指令。弧焊结束指令有以下两种形式。

① Weld End [i]　Weld End [i] 指令是根据预先在弧焊条件画面中所设定的焊接熄弧参数条件，通过调用指定焊接熄弧参数条件编号所发出的指令，进行熄弧处理，完成弧焊的指令。

在焊接结束时断开电压和电流后，由于急剧的电压下降而产生弧坑，所谓熄弧处理就是用于避免发生这种情况的功能。不进行熄弧处理时，必须在焊接条件中设定（处理时间＝0）。

② Weld End [V，A，sec]　Weld End[V，A，sec] 指令是完成弧焊时进行的熄弧处理条件，直接输入熄弧电压、熄弧电流（或金属线进给速度）和熄弧时间，如图 6-62 所示。所指定的条件种类和数量根据焊接装置种类的设定和模拟输入输出信号数量的设定加以改变。

例如，Weld End[1，10.0V，100.0A，0.5 s]：1 代表焊接方式 1，指定熄弧电压为 10V，熄弧电流为 100A，熄弧时间为 0.5s。

图 6-62　Weld End[V, A, sec] 指令

**电弧指令示教步骤:**

① 进入编程界面（图 6-63）。

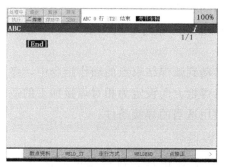

图 6-63　电弧指令编程界面

② 按 "F2" WELD ＿ ST，显示标准起弧指令（图 6-64）。

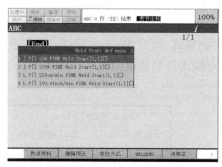

图 6-64　标准起弧指令显示

③ 选择合适的指令按 "ENTER" 键 (图 6-65)。

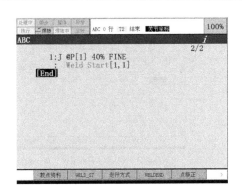

图 6-65　电弧指令编写

注意：

① 在移动到弧焊开始点的动作指令中，终止类型必须使用 FINE。

② 在移动到弧焊路径点、结束点的动作指令中，请勿使用关节动作 J。

③ 在移动到弧焊结束点的动作指令中，终止类型必须使用 FINE。

④ 请将焊枪方向设定为相对焊接加工的适当角度。

⑤ 请使用适当的焊接条件。

(3) 摆焊指令

摆焊指令是使机器人执行摆焊的指令，在执行摆焊开始指令、摆焊结束指令之间所示教的动作时，执行摆焊动作。摆焊指令包括摆动开始指令（指示开始摆动的指令）和摆动结束指令（指示摆动动作结束的指令）。

1) 摆动开始指令　摆动开始指令是指示机器人开始执行摆动焊接的指令。摆动开始指令中包含以下两种指令。

① Weave(模式)[i]　Weave(模式)[i]指令是根据预先设定好的横摆条件，以指定模式开始横摆的指令，如图 6-66 所示。

图 6-66　Weave（模式）［i］指令

例如，Weave Sine［1］：调用摆动条件1。

② Weave（模式）［Hz，mm ，sec，sec］ Weave（模式）［Hz，mm，sec，sec］指令是直接输入进行横摆时的条件（即频率、振幅、左停止时间、右停止时间）后开始横摆，如图6-67所示，各条件参数均有各自的设定范围。

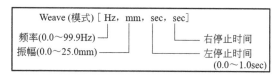

图 6-67 Weave（模式）［Hz, mm, sec, sec］指令

例如，Weave Sine［5.0Hz，20.0mm，1.0s，1.0s］：直接输入摆动频率5Hz，摆幅20mm，左右端点各停留1s。

2）摆动结束指令 摆动结束指令是指示机器人完成摆焊动作的指令。摆焊结束指令有以下两种形式。

① Weave End Weave End指令用于结束执行过程中的所有横摆。

② Weave End［i］ Weave End［i］指令是在程序中控制的动作组为两组以上且程序中存在多个 Weave（模式）［i］指令的情况下使用。通过在 Weave End［i］指令中指定和 Weave（模式）［i］指令相同的横摆条件，就可以完成由横摆条件的运动组所指定的动作组的横摆。

**添加摆焊指令示教步骤：**

① 进入编程界面（图6-68）。

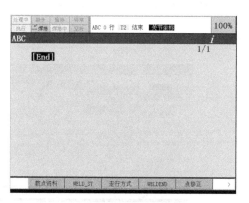

图 6-68 编程界面

② 按 "NEXT" 键翻页，显示指令（图 6-69）。

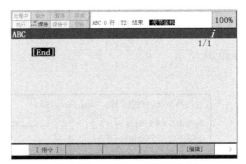

图 6-69　翻页显示指令选项

③ 按 "F1" 指令，显示多个指令选择菜单（图 6-70）。

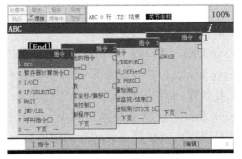

图 6-70　显示指令菜单

④ 选择 "Weave" 摆焊指令，按 "ENTER" 键确认（图 6-71）。

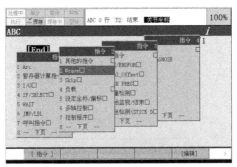

图 6-71　选择摆焊指令

⑤ 选择需要添加的指令，按"ENTER"键确认（图 6-72）。

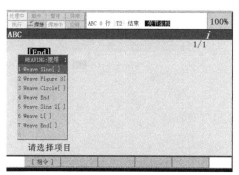

图 6-72 添加指令

⑥ 在添加的指令上设定参数（图 6-73）。

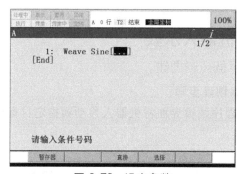

图 6-73 设定参数

⑦ 输入条件号 1，按"ENTER"键确认（图 6-74）。

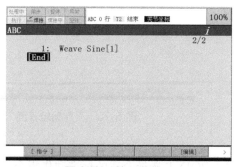

图 6-74 输入条件号

⑧ 或者从第 6 步按"F3",选择直接输入参数(图 6-75)。

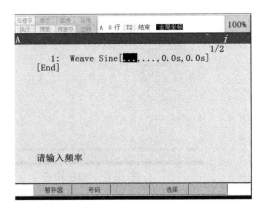

图 6-75 直接输入参数

## 6.1.4 焊接机器人示教

(1)示教点的创建

**示教点创建步骤:**

① 在程序编辑界面将机器人移动到指定目标位置(图 6-76)。

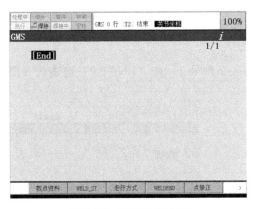

图 6-76 程序编辑界面

② 按 F1 POINT 选择合适的标准动作指令(图 6-77)。

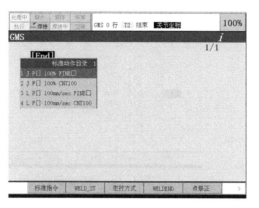

图 6-77　选择标准动作指令

③ 按 "ENTER" 确认键添加，若标准指令无想要添加的指令，可对标准指令进行修改，也可添加完后进行指令修改（图 6-78）。

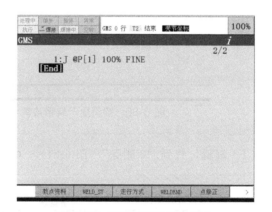

图 6-78　添加或修改标准指令

④ 移动机器人至下一目标位置，重复上述步骤依次添加示教点。

（2）示教点的删除、插入

示教过程中有时需要删除除安全点外多余的示教点，可以节省运行时间，提高效率。

**示教点的删除步骤：**

① 将光标移动到想要删除的动作指令之前的行号码上（图 6-79）。

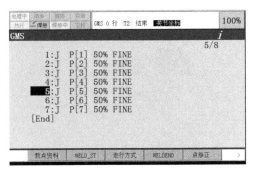

图 6-79　示教点删除界面

② 按 NEXT 键翻页找到"编辑"菜单（图 6-80）。

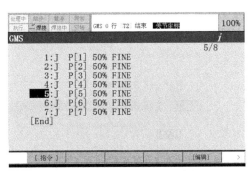

图 6-80　翻页显示编辑菜单

③ 按 F5 编辑，找到"2 删除"（图 6-81）。

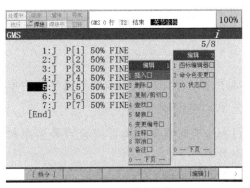

图 6-81　删除操作

④ 选择删除，按"ENTER"键确认（图 6-82）。

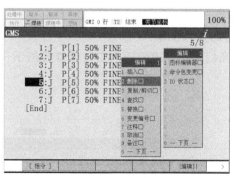

图 6-82 删除完成

⑤ 如删除相邻的多行，用↑键或↓键选择多行，如删除单行请忽略此步（图 6-83）。

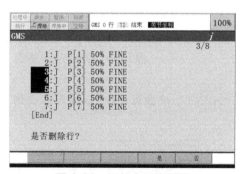

图 6-83 相邻多行的删除

⑥ 按"F4"是，确认删除（图 6-84）。

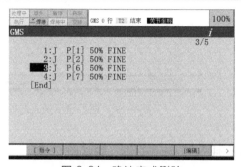

图 6-84 确认完成删除

程序中需要插入示教点时不能直接插入，如果直接添加示教点，新的动作指令会覆盖光标所在位置的原指令，需要先插入空白行再添加指令。

**空白行的插入步骤：**

① 将光标移动到想要插入空白行位置的下一条动作指令的行号码上（图 6-85）。

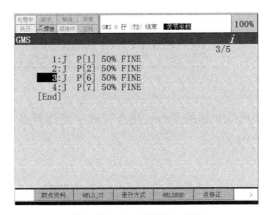

图 6-85　空白行插入界面

② 按 "NEXT" 键翻页，按 F5 编辑，找到 "1 插入"（图 6-86）。

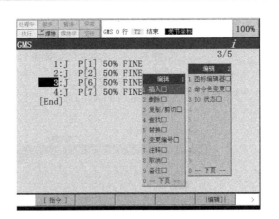

图 6-86　翻页显示插入选项

③ 选择插入按 "ENTER" 键（图 6-87）。

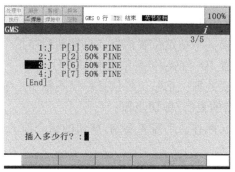

图 6-87　插入操作

④ 输入要插入的空白行数（图 6-88）。

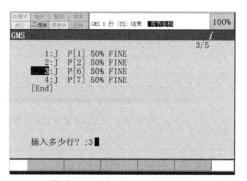

图 6-88　输入插入空白行数

⑤ 按 "ENTER" 键确认（图 6-89）。

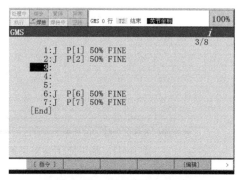

图 6-89　插入空白行完成

（3）示教点的复制、剪切

示教点的粘贴方式有三种：

① 逻辑　不粘贴位置信息，只粘贴程序指令；

② 位置 ID　粘贴位置信息和位置号；

③ 位置数据　粘贴位置信息，但不粘贴位置号。

**示教点的复制/剪切步骤：**

① 将光标移动到需要复制/剪切的指令前的行号码上（图 6-90）。

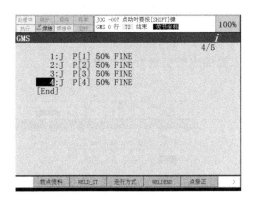

图 6-90　示教点复制/剪切界面

② 按 "NEXT" 翻页，找到 "编辑"（图 6-91）。

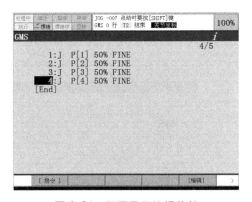

图 6-91　翻页显示编辑菜单

③ 按 "F5" 编辑（图 6-92）。

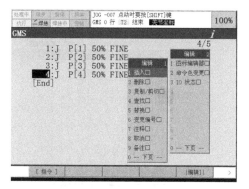

图 6-92 显示复制/剪切指令

④ 选择"复制/剪切",并按"ENTER"键(图 6-93)。

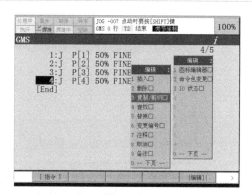

图 6-93 选择并完成复制/剪切操作

⑤ 按"F2"选择,通过上下移动光标来选择一行或多行(图 6-94)。

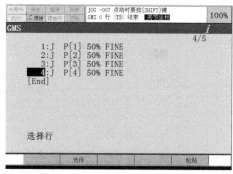

图 6-94 多行指令的选择

⑥ 按"F2"复制或"F3"剪切（图6-95）。

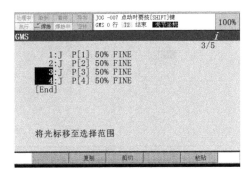

图6-95 复制或剪切操作

⑦ 移动光标到需要粘贴位置下一行指令的行号码上（图6-96）。

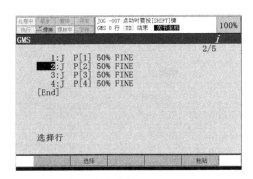

图6-96 粘贴指令界面

⑧ 按"F5"粘贴（图6-97）。

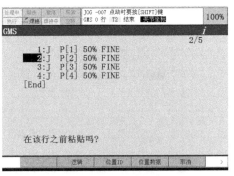

图6-97 粘贴指令

⑨ 按 "F2" 逻辑或 "F3" 位置 ID 或 "F4" 位置数据进行粘贴（图 6-98）。

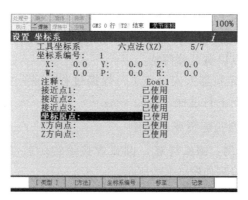

图 6-98　粘贴指令完成

## 6.1.5　编程示例

（1）直焊缝编程示例

1）示例：单条直线焊缝　单条直线焊接编程示教参考位置点如图 6-99 所示，程序编写如图 6-100 所示。

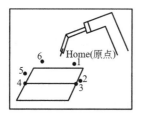

图 6-99　单条直线焊缝示意图

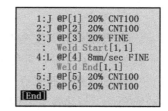

图 6-100　单条直线焊缝编程指令

2）编程详解

① 设定机器人安全点 1　安全点应尽可能远离工件或工装，处在一个较为安全的位置，避免机器人影响工件上下料。

② 设定接近起弧点 2　在即将到达起弧点之前设定一个接近点，若设定的安全点 1 与起弧点之间有障碍物，可在两者之间多设几个点来避开障碍物。

③ 设定起弧点 3　图 6-100 中第 3 条指令所示，到达起弧点的终止类

型必须为 FINE，保证机器人准确到达起弧点位置。

④ 设定熄弧点 4　图 6-100 中第 4 条指令所示，在直线焊缝之间运动类型必须为 L，保证机器人运行轨迹与焊缝一致，且到达熄弧点的终止类型必须为 FINE，保证机器人准确到达熄弧点位置。

⑤ 设定接近熄弧点 5　待焊接过程结束后，在熄弧点和安全点之间设定一个点以避开障碍物。

⑥ 设定机器人安全点 6　焊接过程结束，将机器人移至安全位置，避免影响上下料过程。

（2）圆弧焊缝编程示例

1）示例：圆弧焊缝　圆弧焊接编程示教参考位置点如图 6-101 所示，程序编写如图 6-102 所示。

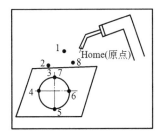

图 6-101　圆弧焊缝示意图

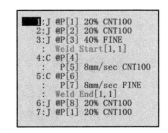

图 6-102　圆弧焊缝编程指令

2）编程详解

① 设定机器人安全点 1　安全点应尽可能远离工件或工装，处在一个较为安全的位置，避免机器人影响上下料。

② 设定接近起弧点 2　在即将到达起弧点之前设定一个点，若设定的安全点 1 与起弧点之间有障碍物，可在两者之间多设几个点来避开障碍物。

③ 设定起弧点 3　图 6-102 中第 3 条指令所示，到达起弧点的终止类型必须为 FINE，保证机器人准确到达起弧点位置。

④ 设定第一段圆弧的中间点 4 和终点 5　起弧点 3 为第一段圆弧的起点，插入圆弧指令，设定第一段圆弧的中间点 4 和终点 5，终止类型必须为 CNT，使机器人平滑过渡。

⑤ 设定第二段圆弧的中间点 6 和终点 7　第一段圆弧的终点即为第二段圆弧的起点，插入圆弧指令，设定第二段圆弧的中间点 6 和终点 7，终点 7 即为焊接熄弧点，添加熄弧指令，熄弧点的终止类型必须为

FINE。

⑥ 设定接近熄弧点 8　焊接过程结束以后，在熄弧点和安全点之间设定一个点以避开障碍物。

⑦ 设定机器人安全点 1　焊接过程结束后，将机器人移至安全位置，不要影响上下料过程。

## 6.1.6　程序运行模式

程序编写完毕并确认无误后，可以执行手动操作或自动执行程序。

（1）手动执行模式

**手动执行程序步骤：**

① 握住示教器，将示教器的启用开关置于"ON"（图 6-103）。

② 将单步执行设置为无效。按下"STEP"键，使得示教器上的软件 LED 的单步成为绿色状态，即连续模式（图 6-104）。

图 6-103　开启示教器的启用开关　　　　图 6-104　设置连续模式

③ 按下倍率键，将速度倍率设置为 100%（图 6-105）。

图 6-105　设置速度倍率

④ 将焊接状态设置为有效。在按住"SHIFT"键的同时按下"Weld

Enbl"键，使得示教器上的软件 LED 的"焊接"成为绿色状态，即焊接
打开（图 6-106）。

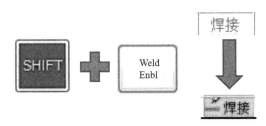

图 6-106 焊接打开

⑤ 向前执行程序。进入程序，将光标移至程序第一行最左端，轻按
背部一侧安全开关，在按住"SHIFT"的同时按下"FWD"键，向前执
行程序（图 6-107）。

图 6-107 向前执行程序

(2) 自动执行模式

**自动执行程序步骤：**

① 在所要执行的程序界面，将光标移至第一行程序的最左端，然后
执行手动执行程序步骤中的第②～④步。

② 将示教器的启用开关置于"OFF"，并将控制柜操作面板的模式
选择开关置于"AUTO"（图 6-108）。

图 6-108 设置启用开关和模式选择开关

③ 按下 "RESET" 键清除示教器报警，按下外部自动启动按钮，自动执行程序（图 6-109）。

④ 如未自动执行程序，示教器界面显示如下提示，选择 "是"，按下 "ENTER" 键，然后再次按下外部自动按钮键，将自动执行程序（图 6-110）。

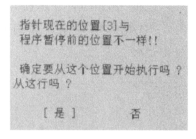

图 6-109　启动自动执行程序　　　　图 6-110　处理未自动执行程序

# 6.2　机器人离线编程技术

机器人离线编程系统是利用计算机图形学的成果建立起机器人及其工作环境的几何模型，再利用一些规划算法，通过对图形的控制和操作，在离线的情况下进行轨迹规划。通过对编程结果进行三维图形动画仿真，检验编程的正确性，最后将生成的代码传到机器人控制柜，以控制机器人运动，完成给定任务。机器人离线编程软件界面如图 6-11 所示。

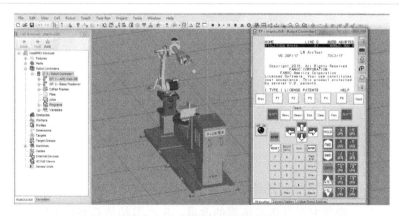

图 6-111　离线编程软件界面

## 6.2.1 机器人离线编程特点

离线编程系统具有庞大的模式数据库，以焊接行业为例，已建成的外部轴系统可覆盖焊接行业用到的所有变位装置，并可开发出具有实用价值的功能模块。

（1）方案设计、过程仿真

优化焊接顺序（如图 6-112 所示）、验证可达率（如图 6-113 所示）。

图 6-112　优化焊接顺序

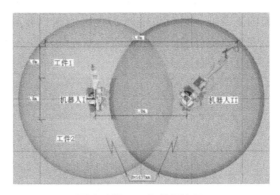

图 6-113　工作范围演示

（2）生产节拍估算

指导方案及生产流程的改进，生产节拍估算表格如图 6-114 所示。

| 名称 | 拖拉机驾驶舱 | | | 尺寸 | | | | 焊接工艺 | | MIG | | | |
|---|---|---|---|---|---|---|---|---|---|---|---|---|---|
| 材质 | Q235 | 〈焊丝〉 | JM-56 | 重量 | | | | 焊丝直径 | | 1 | | | |
| 焊缝序号 | 焊缝长度(mm) | 焊缝形式 | 焊角高度(mm) | 焊接速度(mm/s) | 起弧收弧(s) | 空运行(s) | 暂位用时(s) | 上料用时(s) | 下料用时(s) | 焊接用时(s) | 合计用时(s) | 优化用时(s)加工出时占 | 设备利用率 |
| 1 | 20 | 焊接 | 3 | 18 | 1 | 2 | 0 | | | | | | |
| 2 | 20 | 焊接 | 3 | 18 | 1 | 2 | 0 | | | | | | |
| 3 | 20 | 焊接 | 3 | 18 | 1 | 2 | 0 | | | | | | |
| 4 | 20 | 焊接 | 3 | 18 | 1 | 2 | 0 | | | | | | |
| 5 | 20 | 焊接 | 3 | 18 | 1 | 2 | 0 | | | | | | |
| 6 | 20 | 焊接 | 3 | 18 | 1 | 2 | 0 | | | | | | |
| 7 | 20 | 焊接 | 3 | 18 | 1 | 2 | 0 | | | | | | |
| 8 | 20 | 焊接 | 3 | 18 | 1 | 2 | 0 | | | | | | |
| 9 | 20 | 焊接 | 3 | 18 | 1 | 2 | 0 | | | | | | |
| 10 | 20 | 焊接 | 3 | 18 | 1 | 2 | 0 | | | | | | |
| 11 | 20 | 焊接 | 3 | 18 | 1 | 2 | 0 | | | | | | |
| 12 | 20 | 焊接 | 3 | 18 | 1 | 2 | 0 | | | | | | |
| 13 | 20 | 焊接 | 3 | 18 | 1 | 2 | 0 | | | | | | |
| 14 | 20 | 焊接 | 3 | 18 | 1 | 2 | 0 | | | | | | |
| 15 | 20 | 焊接 | 3 | 18 | 1 | 2 | 0 | | | | | | |
| 16 | 20 | 焊接 | 3 | 18 | 1 | 2 | 0 | | | | | | |
| 17 | 20 | 焊接 | 3 | 18 | 1 | 2 | 0 | | | | | | |
| 18 | 20 | 焊接 | 3 | 18 | 1 | 2 | 0 | | | | | | |
| 19 | 20 | 焊接 | 3 | 18 | 1 | 2 | 0 | | | | | | |
| 20 | 20 | 焊接 | | | | | | | | | | | |

图 6-114 生产节拍估算表格

（3）离线编程

指导焊接编程，如图 6-115 所示。

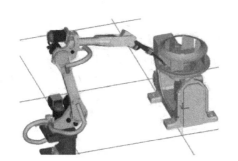

(a) 设备整体方案

(b) 指定焊接轨迹

(c) 程序自动生成

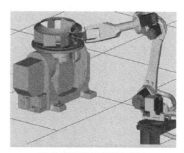

(d) 仿真并确认机器人轨迹

图 6-115 离线编程过程

与示教编程相比，离线编程系统具有如下优点。

① 减少机器人停机时间，进行下一任务编程时，机器人仍可在生产线上工作。

② 编程者远离危险的工作环境，改善编程环境。

③ 离线编程系统使用范围广，可对多种机器人进行编程，并能方便地实现优化编程。

④ 便于和 CAD/CAM 系统结合，实现 CAD/CAM/ROBOTICS 一体化。

⑤ 可使用高级计算机编程语言对复杂任务进行编程。

⑥ 适应小批量、多品种的产品快速编程。

⑦ 便于修改机器人程序。

## 6.2.2 离线编程系统组成

机器人离线编程系统不仅要在计算机上建立起机器人系统的物理模型，而且要对其进行编程和动画仿真，以及对编程结果后置处理。因此，机器人离线编程系统主要包括以下模块：CAD 建模、图形仿真、离线编程、传感器以及后置处理等。

（1）CAD 建模

CAD 建模需要完成零件建模、设备建模、系统设计和布置、几何模型图形处理等任务。因为利用现有的 CAD 数据及机器人理论结构参数所构建的机器人模型与实际模型之间存在误差，所以必须对机器人进行标定，对其误差进行测量、分析并不断校正所建模型，如图 6-116 所示。

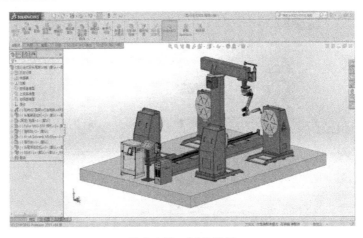

图 6-116　CAD 建模

（2）图形仿真

离线编程系统的一个重要作用是离线调试程序，而离线调试最直观有效的方法是在不接触实际机器人及其工作环境的情况下，利用图形仿真技术模拟机器人的作业过程，提供一个与机器人进行交互作用的虚拟环境。计算机图形仿真是机器人离线编程系统的重要组成部分，它将机器人仿真的结果以图形的形式显示出来，直观地显示出机器人的运动状况，从而得到从数据曲线或数据本身难以分析出来的许多重要信息，离线编程的效果正是通过这个模块来验证的，图形仿真如图6-117所示。

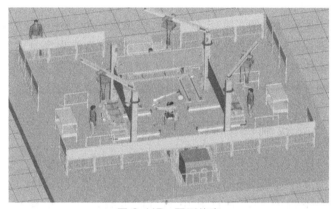

图 6-117　图形仿真

（3）离线编程

离线编程模块一般包括机器人及设备的作业任务描述（包括路径点的设定）、建立变换方程、求解未知矩阵及编制任务程序等。在进行图形仿真以后，根据动态仿真的结果，对程序做适当修正，以达到满意的效果，最后在线控制机器人运动以完成作业，如图6-118所示。

图 6-118　离线编程

（4）传感器

利用传感器的信息能够减少仿真模型与实际模型之间的误差，增加系统操作和程序的可靠性，提高编程效率。对于有传感器驱动的机器人系统，由于传感器产生的信号会受到多方面因素的干扰（如光线条件、物理反射率、物体几何形状以及运动过程的不平衡性等），使得基于传感器的运动不可预测。传感器技术的应用使机器人系统的智能性大大提高，机器人作业任务已离不开传感器的引导。因此，离线编程系统应能对传感器进行建模，生成传感器的控制策略，对基于传感器的作业任务进行仿真。

（5）后置处理

后置处理的主要任务是把离线编程的源程序编译为机器人控制系统能够识别的目标程序。即当作业程序的仿真结果完全达到作业的要求后，将该作业程序转换成目标机器人的控制程序和数据，并通过通信接口下装到目标机器人控制柜，驱动机器人完成指定的任务。

## 6.2.3    离线编程仿真软件及其使用

以 FANUC 机器人 ROBOGUIDE 仿真软件为例，它是以一个离线的三维世界为基础进行模拟，在这个三维世界中模拟现实中的机器人和周边设备的布局，通过其中的 TP 示教，进一步模拟它的运动轨迹。ROBOGUIDE 是一款核心应用软件，具体还包括搬运、弧焊、喷涂和点焊等其他模块。ROBOGUIDE 的仿真环境界面是传统的 Windows 界面，由菜单栏、工具栏、状态栏等组成。

（1）仿真软件概述

1）界面简洁（如图 6-119 所示）

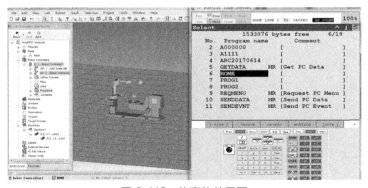

图 6-119    仿真软件界面

2）资源列表比较丰富，包含各种焊接用设备资源（如图 6-120 所示）

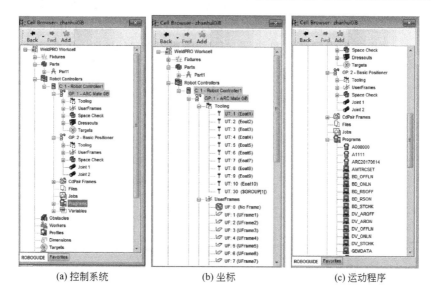

(a) 控制系统　　　　　　(b) 坐标　　　　　　(c) 运动程序

图 6-120　资源列表

3）进行运动轨迹模拟（如图 6-121 所示）

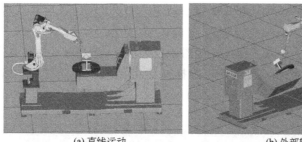

(a) 直线运动　　　　　　(b) 外部轴单动

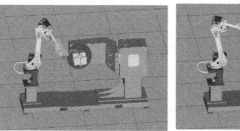

(c) 变位焊接运动　　　　　　(d) 联动变位

图 6-121　模拟运动

（2）仿真软件使用

1）软件安装　本书所用软件版本号为 Roboguide V7.7，正确安装步骤如下：首先打开软件包中的 Roboguide V7.7 \ setup.exe 进行安装，如果需要用到变位机协调功能，还要安装 MultiRobot Arc Package，如图 6-122 所示。

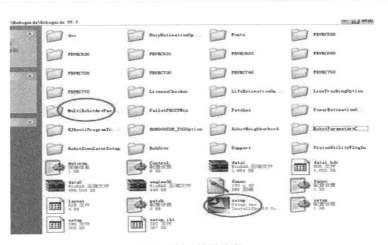

图 6-122　软件安装

2）新建 Workcell 的步骤　打开 ROBOGUIDE 后进入界面一，如图 6-123 所示，单击工具栏上的按钮"File"，建立一个新的工作环境"New Cell"，进入界面二，如图 6-124 所示。选择需要的仿真类型，这里包括搬运、喷涂、弧焊等，选择新建机器人焊接工作站"WeldPRO"，确定后单击"Next"，进入界面三。

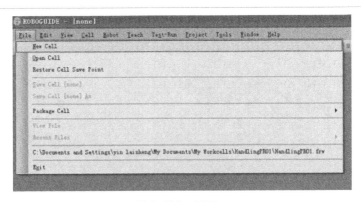

图 6-123　界面一

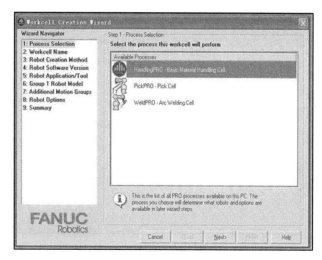

图 6-124　界面二

　　界面三如图 6-125 所示，需要给仿真工作站命名，即在"Name"中输入仿真的名字（中英文均可），也可以用默认的命名。命名完成后单击"Next"，进入界面四，如图 6-126 所示。创建机器人的方式，这里选择第一个，创建一个新的机器人，然后单击"Next"进入界面五。

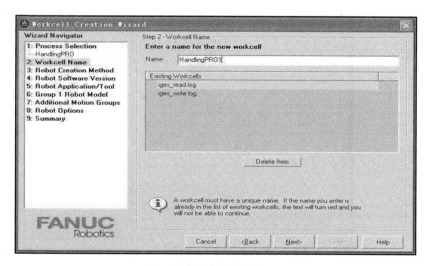

图 6-125　界面三

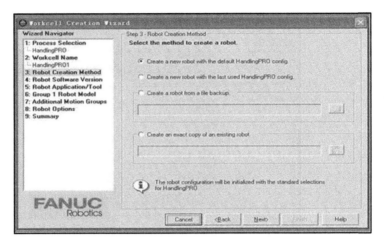

图 6-126　界面四

　　界面五如图 6-127 所示。选择一个安装在机器人上的软件版本（版本越高功能越多），然后单击"Next"，进入界面六，如图 6-128 所示。根据仿真的需要选择合适的工具，如点焊工具、弧焊工具、搬运工具，然后单击"Next"，进入界面七。

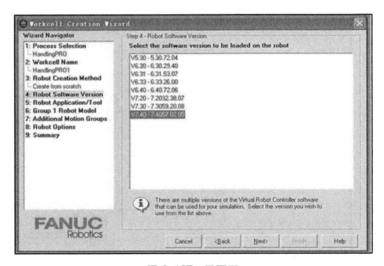

图 6-127　界面五

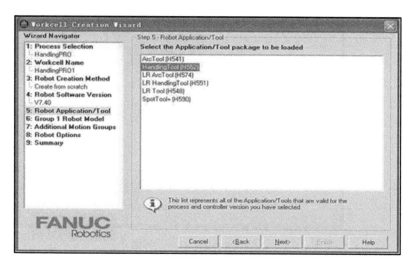

图 6-128　界面六

界面七如图 6-129 所示，选择仿真所用的机器人型号，这里几乎包含了所有的机器人类型，然后单击"Next"，进入界面八，如图 6-130 所示。当需要添加多台机器人时，可以在这里继续添加，然后单击"Next"，进入界面九。

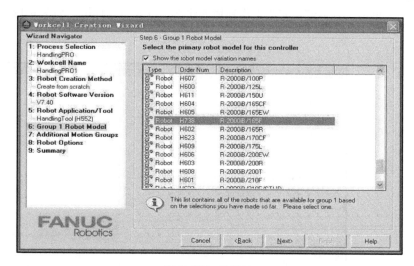

图 6-129　界面七

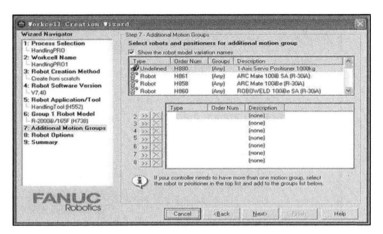

图 6-130　界面八

　　界面九如图 6-131 所示，选择各类其他软件，将它们用于仿真，许多常用的附加软件，如 2D、3D 视觉应用和附加轴等，都可以在这里添加，同时也可以切换到 Languages 选项卡里设置语言环境，默认的是英语。然后单击"Next"，进入界面十，如图 6-132 所示。这里列出了之前所有选择的内容，是一个总的目录。如果确定之前没有错误，就单击"Finish"；如果需要修改，可以单击"Back"退回之前的步骤去做进一步修改。这里单击"Finish"，完成工作环境的建立，进入仿真环境，如图 6-133 所示。

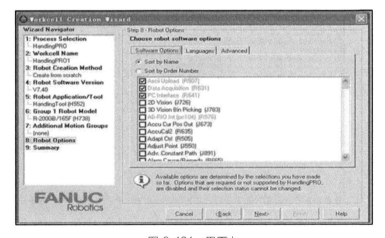

图 6-131　界面九

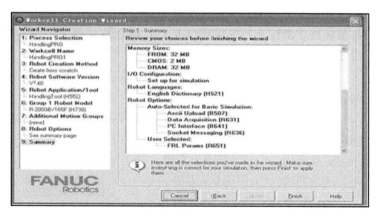

图 6-132　界面十

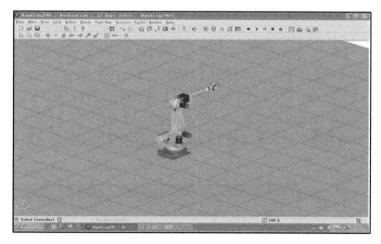

图 6-133　仿真环境

3）基本操作

① 对模型窗口的操作　鼠标可以对仿真模型窗口进行移动、旋转、放大/缩小等操作。

移动：按住中键，并拖动。

旋转：按住右键，并拖动。

放大/缩小：同时按左右键，并前后移动；另一种方法是直接滚动滚轮。

② 改变模型位置的操作

移动：将鼠标箭头放在某个绿色坐标轴上，箭头显示为手形并有坐标轴标号 $X$、$Y$ 或 $Z$，按住左键并拖动，模型将沿此轴方向移动；或者将鼠标放在坐标上，按住键盘上 Ctrl 键，按住鼠标左键并拖动，模型将沿任意方向移动。

旋转：按住键盘上 Shift 键，鼠标放在某坐标轴上，按住左键并拖动，模型将沿此轴旋转。

③ 机器人运动的操作　用鼠标可以实现机器人 TCP 点快速运动到目标面、边、点或者圆中心，方法如下。

运动到面：Ctrl＋Shift＋左键。

运动到边：Ctrl＋Alt＋左键。

运动到顶点：Ctrl＋Alt＋Shift＋左键。

运动到中心：Alt＋Shift＋左键。

也可用鼠标直接拖动机器人的 TCP 使机器人运动到目标位置，运动的方式与改变模型位置的方式一样。

4）添加设备

① 三维模型的导入　ROBOGUIDE 可以加载各类实体对象，这些对象可以分成两部分，一部分是 ROBOGUIDE 自带的模型，另一部分是可以通过其他三维软件导出的 igs 或 iges 格式的模型文件。具体操作步骤如下。

单击菜单栏上的 Cell—Add Fixture—CAD Library，出现如图 6-134 所示对话框，主要加载 ROBOGUIDE 自带的库模型文件，包括各类焊

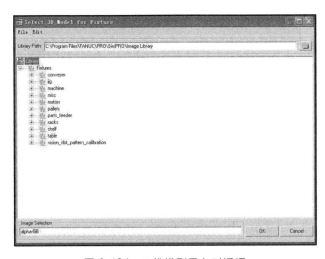

图 6-134　三维模型导入对话框

枪、加工中心、注塑机等。或者单击菜单栏上的 Cell—Add Fixture—Single CAD File，出现文件浏览对话框，主要加载由其他三维软件如 Solidworks、CATIA、UG 等所导出的 igs 格式的三维模型。

② 添加焊枪并设定 TCP　如图 6-135 所示，在 Cell Browser 中找到 Robot Controllers—C：1-Robot Controller1—GP：1-M-10iA/12（添加的机器人型号）—Tooling—UT：1（Eoat1），右击选择 Add Link—CAD Library，进入焊枪选择界面。

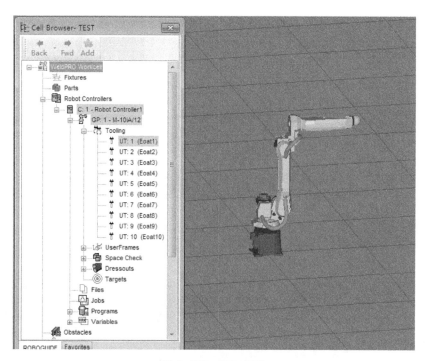

图 6-135　添加焊枪

如图 6-136 所示，弹出焊枪模型库，在模型库中将 Library—EOATs—weld_torches 展开，选择合适的焊枪。

选好焊枪后点击右下角的 OK 键，焊枪出现在机器人第六轴上，并弹出 Link1，UT：1（Eoat1）对话框（也可通过双击 Cell Browser 中 Link1 调出），如图 6-137 所示。

关闭 Link1，UT：1（Eoat1）对话框窗口，并双击 Cell Browser—UT：1（Eoat1），如图 6-138 所示，在弹出的对话框中选择 UTOOL，点击 Edit UTOOL，调整 TCP 位置及角度，设定时，可用鼠标直接拖动绿色小球到焊丝尖端后点击 Use Current Triad Location，就会自动算出 $X$、$Y$、$Z$ 值，再填写 $W$、$P$、$R$ 值。也可直接输入所有数值，点击 Apply，焊枪配置完成。

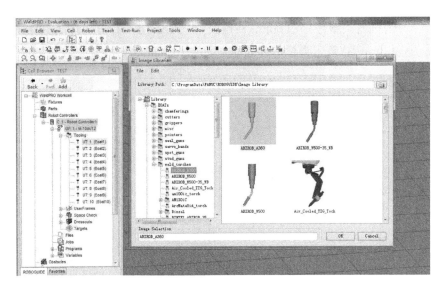

图 6-136　焊枪选择界面

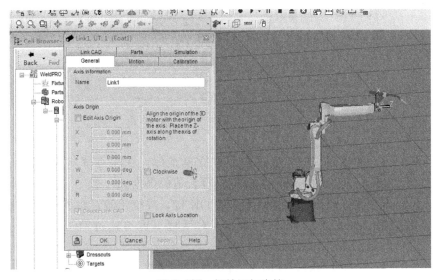

图 6-137　焊枪添加完毕

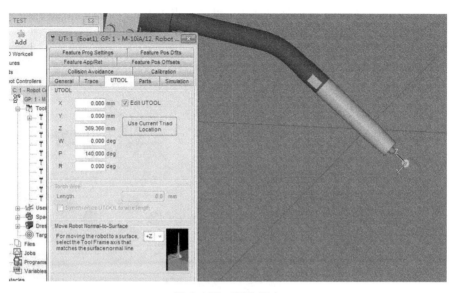

图 6-138　TCP 设定

③ 添加外部轴　以单轴变位机为例，添加外部轴步骤如下。

右击 Cell Browser 中的 Machines，选择 Add Machine—CAD Library，进入如图 6-139 所示的界面。

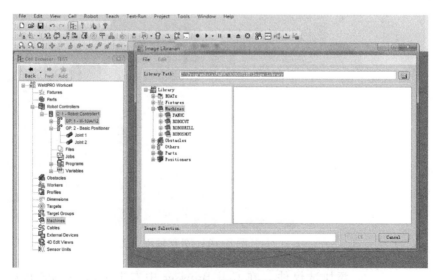

图 6-139　添加外部轴

点击 Library—Positioners 展开，进入外部轴选择界面，如图 6-140 所示，选择合适的外部轴变位设备，点击 OK。

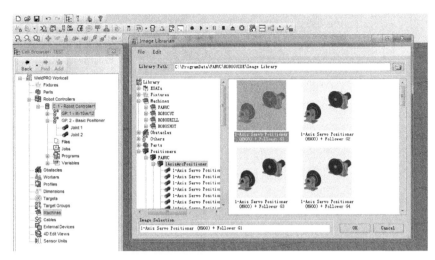

图 6-140　外部轴选择界面

手动拖动坐标或直接输入数值调整变位机位置，点击 Lock All Location Values 锁定变位机位置，变位机添加完毕，如图 6-141 所示。

图 6-141　外部轴添加完毕

④ 添加试焊件　在 Cell Browser 中右击 Parts—Add Part—single CAD file，在计算机中选择已经建好的试焊件 IGS 模型，如图 6-142 所

示，点击打开，试焊件模型将被添加至工作组中。

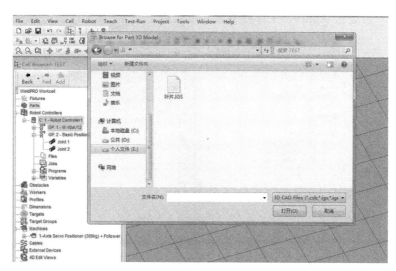

图 6-142　添加试焊件

然后需要将试焊件添加到变位机上，双击所添加的变位机，弹出如图 6-143 所示的对话框。

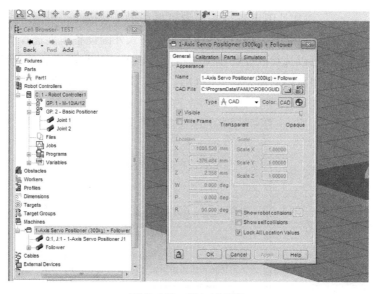

图 6-143　添加试焊件

选择 Parts，勾选 part1，点击 Apply，工件便与变位机关联，如图 6-144 所示。然后点击 Edit Part Offset，调整工件与变位机的相对位置，调整后点击 Apply，工件便被置于变位机上。

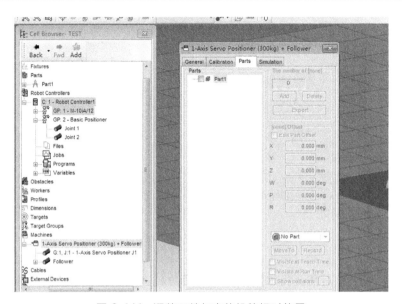

图 6-144　调整工件与变位机的相对位置

⑤ 添加外围设备　右击浏览器中的 Obstacles，依次点选 Add Obstacle/CAD Library，如图 6-145 所示。进入外围设备模型选择界面如图 6-146 所示，可以选择的设备模型包括焊接电源、防护围栏、外部按钮站、气瓶等，选中需要的模型，点击 OK，相应模型就被添加到 workcell 中。

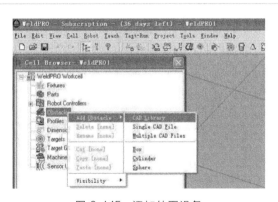

图 6-145　添加外围设备

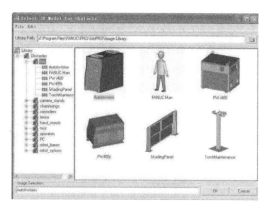

图 6-146　外围设备模型选择界面

在弹出的模型设置对话框中修改模型的位置，可以直接输入位置数据，也可用鼠标直接拖动模型中的三个坐标轴，如图 6-147 所示。

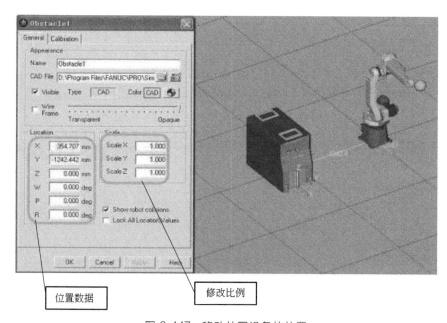

位置数据　　　修改比例

图 6-147　移动外围设备的位置

按照上述各添加步骤，依次添加整个工作站所需设备，完成整个工作站的建立，如图 6-148 所示。

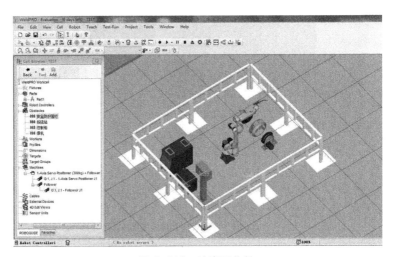

图 6-148　仿真工作站

第7章

典型焊接机器人
系统应用案例

　　焊接机器人工作站主要有弧焊机器人、点焊机器人、激光焊接机器人和搅拌摩擦焊机器人工作站等类型，基本系统主要由机器人本体、焊接装备、工装夹具及其他辅助设备构成。

# 7.1　弧焊机器人系统

　　弧焊机器人具有焊接质量稳定、改善工人劳动条件、提高劳动生产率等特点，广泛用于工程机械、通用机械、金属结构和兵器等行业。典型的弧焊机器人工作站主要包括机器人系统（机器人本体、机器人控制柜、示教器），焊接电源系统（焊机、送丝机、焊枪、焊丝盘支架），焊枪防碰撞传感器，变位机，焊接工装夹具，清枪站，电气控制系统（PLC控制柜、外部操作按钮站、HMI触摸屏），安全系统（围栏、安全光栅）和排烟除尘系统等，如图7-1所示。

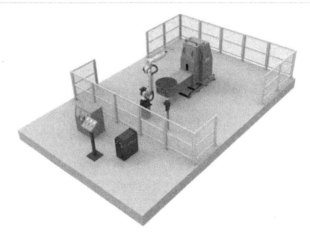

图 7-1　典型弧焊机器人工作站

## 7.1.1　工程机械行业-抽油机方箱、驴头焊接机器人工作站

　　抽油机是开采石油的一种机器设备，俗称"磕头机"，主要由驴头-游梁-连杆-曲柄机构、减速箱、动力设备和辅助装备等组成，如图7-2所示。工作时，电动机的转动经变速箱、曲柄连杆机构变成驴头的上下运动，驴头经光杆、抽油杆带动井下抽油泵的柱塞做上下运动，从而不断地把井中的原油抽出井筒。

图 7-2 抽油机

（1）抽油机方箱、驴头焊接机器人工作站

抽油机方箱（图 7-3）焊接机器人工作站是由焊接机器人本体、焊接电源、三轴龙门架、头尾架变位机、电气控制柜及其他外围设备组成的，系统布置如图 7-4 所示。

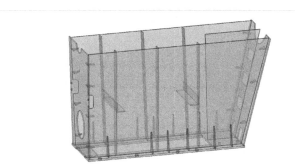

图 7-3 抽油机方箱

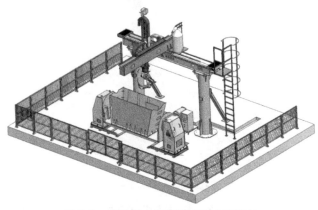

图 7-4 抽油机方箱焊接机器人工作站

机器人龙门架 $X$ 向移动范围为 3000mm，$Y$ 向移动范围为 1500mm，$Z$ 向移动范围为 2000mm，用普通交流伺服驱动。焊接机器人与龙门架完美结合，最大限度地优化有效焊接区域（焊接区域长度为 3000mm＋$2×1610$mm，宽度为 1500mm＋$2×1610$mm；待焊工件最大长度为 2710mm，最大焊接宽度范围为 1860mm），使机器人能够完成所有焊缝的焊接。如果待焊工件的焊缝较为复杂，机器人的可达范围将在一定范围内有所减小。

抽油机驴头（图 7-5）焊接机器人工作站是由焊接机器人、焊接电源、倒挂式行走导轨、头尾架变位机、电气控制柜及其他外围设备组成的，系统布置如图 7-6 所示。机器人横向移动范围为 6000mm，上下移动范围 2000mm，用交流伺服驱动，扩大了机器人的工作范围，不仅满足工件焊接要求，同时降低设备成本。

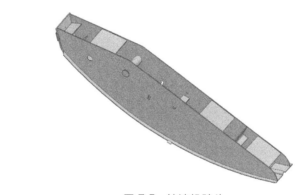

图 7-5　抽油机驴头

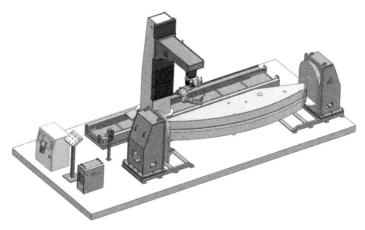

图 7-6　抽油机驴头焊接机器人工作站

驴头工件的结构特点决定了驴头内部焊缝较为复杂，因此内部焊缝难以完成焊接。采用倒挂式行走导轨，将机器人倒挂，可以使机器人伸到驴头内部，焊接尽量多的焊缝。

（2）工艺分析

焊接工件表面应尽量清洁无油，且满足工件图纸尺寸公差要求；角接焊缝组对间隙超过 2mm 时先用手工打底补焊，焊缝起始端 1mm 内无拼焊点，工件上下料应保证良好的一致性。

系统焊接工作流程如图 7-7 所示。

① 准备工序　焊接工件按图纸要求组对点焊。

② 安装工件　操作工进入机器人工作区，将工件放置到待焊工位，通过夹具将待焊工件与工装连接在一起。

③ 机器人焊接　操作工回到安全位置，按下启动按钮，机器人从设定的位置开始实现自动焊接。

④ 工件卸装　焊接结束后，操作工再次进入机器人工作区，卸下工件。

⑤ 如此循环作业。

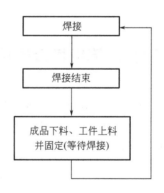

图 7-7　焊接工作流程示意图

（3）焊接效果

抽油机焊接机器人工作站如图 7-8 所示，为保证焊接质量和焊接效率，机器人系统配置了完善的自保护功能和弧焊数据库，主要包含原始路径再继续、故障自诊断、焊缝寻位功能、多层多道功能、专家数据库、摆动功能、清枪剪丝等功能，焊接效果如图 7-9 所示。

图 7-8　焊接工作站

图 7-9　焊接效果

## 7.1.2　建筑工程行业-建筑铝模板焊接机器人工作站

（1）建筑铝模板焊接机器人工作站

　　铝模板是由铝型材或铝板材、支撑系统、紧固系统、附件系统构成的，模板系统构成混凝土结构施工所需的封闭面，保证混凝土浇灌时建筑结构成型，如图 7-10 所示。

图 7-10　建筑铝模板应用

　　建筑铝模板焊接机器人工作站是由焊接机器人本体、焊接电源、焊接工作台、电气控制柜及其他外围设备组成的，系统布置如图 7-11 所示。高度智能化、柔性化焊接机器人配套使用数字化脉冲逆变焊机，再结合灵活可变的工装夹具可实现多种规格铝模板的焊接，并获得良好的焊接效果。

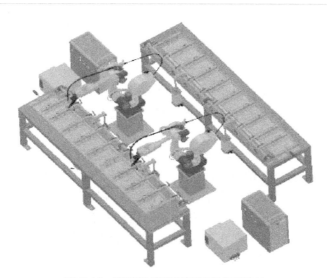

图 7-11　建筑铝模板焊接机器人工作站

（2）焊接工装

　　工装夹具采用了气动翻转装置和精确定位装置，如图 7-12 所示。气动翻转减少了装卸工件的时间，精确定位装置保证了加强筋位置的准确

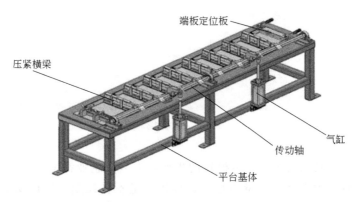

图 7-12　焊接工装

性。工作台采用固定式结构，工件以定位块定位简单实用，根据工件实际尺寸与结构的不同，每个横拉筋横杆可随意调整位置，气泵控制压杆的升降只需一键操作即可完成，快捷准确。

（3）焊接工作流程

建筑铝模板焊接机器人工作站采用双机器人双工位工作模式，两台机器人同时焊接同一工件，焊接完毕后，再同时转到另一工位进行同时焊接。具体工作流程如下。

① 安装工件　操作工人进入机器人工作区，根据定位基准将新的板槽放置于焊接台上，然后按下横杆翻转开关，横杆自动翻转至水平位置，人工将加强板顺次贴合到横杆的定位基准上，并锁紧夹钳，焊前安装完毕。

② 机器人焊接　操作工安装完毕后回到安全位置，按下机器人启动按钮，机器人调用示教程序，从设定的位置开始进行自动焊接。

③ 工件卸装　焊接结束后机器人跳转到另一个工位进行焊接，操作工再次进入机器人工作区，打开横杆翻转开关，卸下已经焊完的工件，并将新的工件装夹在工作台上，等待机器人焊接。

④ 如此循环工作。

（4）焊接效果及生产节拍分析

机器人焊接焊缝过程中，飞溅明显减小，焊缝表面光滑、成型均匀，不存在咬边等缺陷，有效地提高了焊缝质量，焊接效果如图7-13所示。

图7-13　焊接效果

目前对于铝合金模板的生产，大多数企业都采用人工焊接，存在着焊接效率低、产量不稳定、焊接质量不易控制、焊接变形量大等问题，而机器人焊接技术的应用可以有效地解决以上问题，特别是在提高生产效率上表现突出。下面就机器人焊接和传统的手工焊接在生产效率方面进行对比。

手工焊生产节拍计算：

手工焊时间＝工件焊接时间＋上下料时间＋装夹工件时间＋工人休息时间

机器人焊接生产节拍计算：

机器人焊时间＝工件焊接时间（双机器人双工位焊接，工件装卸与另一工件的焊接过程同步）

以某客户现场焊接结果为例，首先对两种、每种 20 个工件的加工时间进行不定期随机抽查，然后精确计算后平均到每个工件的生产时间见表 7-1。

表 7-1　焊接效率对比

| 工件序号 | 工件尺寸/m×m | 单件工件手工焊时间/min | 单件工件机器人焊时间/min | 效率倍数/倍 |
|---|---|---|---|---|
| 1 | 1.2×0.6 | 6 | 2.5 | 2.4 |
| 2 | 2.7×0.6 | 11 | 5 | 2.2 |

第一种工件，机器人焊接效率是手工焊的 2.4 倍；第二种工件，机器人焊接效率是手工焊的 2.2 倍。由此可知，机器人焊接技术应用在建筑铝模板生产中可以大大提高生产效率，提高产品的产量，一般是传统手工焊接的 2～2.5 倍，并且机器人焊接还可以实现 24h 连续作业。

铝模板工件类型不同，采取的机器人工作站也不同，除上述的双机器人双工位工作站外，还有单机器人双工位、单机器人单工位等多种形式的工作站，如图 7-14～图 7-16 所示。

图 7-14　双机器人双工位工作站

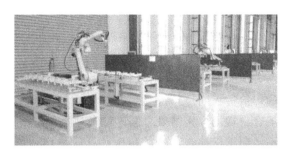

图 7-15　单机器人双工位工作站

图 7-16　单机器人单工位工作站

机器人焊接技术在铝模板生产中的成功应用有效地提高了焊接质量，机器人对铝模板进行焊接时，焊接参数、焊接速度、焊接姿态都能保持稳定，减少了人为因素对焊缝质量的影响，完全满足建筑铝模板对焊缝的工艺要求。

## 7.1.3　电力建设行业-电力铁塔横担焊接机器人工作站

（1）横担焊接机器人工作站

横担是电力铁塔中重要的组成部分，它是用来安装绝缘子及金具，用以支撑导线、避雷线，并使之按规定保持一定的安全距离，如图 7-17 所示。

图 7-17　电力铁塔

横担焊接机器人工作站主要由焊接机器人本体、焊接电源、焊接工作台、电气控制柜及其他外围设备组成，系统布置如图 7-18 所示。箱式横担是用钢板焊接的结构件，工件在上下料、组对时难免会存在误差，并且会有焊接变形。机器人具备焊缝寻位和焊缝跟踪等焊接功能，机器人能够在焊接时自动找到焊缝的起始位置和正确的方向，保证了焊接质量。

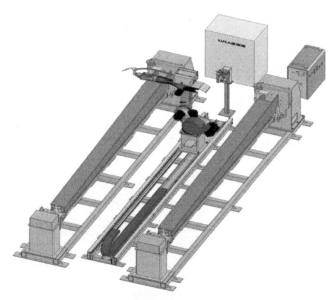

图 7-18　横担焊接机器人工作站

（2）焊接工装

横担焊接机器人工作站采用头尾架变位机与机器人直线行走机构高度配合，可有效扩展机器人的工作范围，适应不同长度的工件焊接。同时变位机能够翻转工件使焊缝达到最佳焊接姿态和位置，实现角焊、平焊、船型焊。本工作站采用的工装夹具可使系统适应不同长度的工件，如图 7-19 所示。正反丝杠对中结构的应用，可实现转动正反丝杠手轮带动一对正反丝杠压板同向或相对移动，实现对工件的压紧或者松开，确保夹持工件的准确性及重复定位性能，便于机器人寻位及焊接。

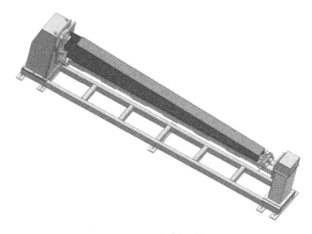

图 7-19　焊接工装

（3）焊接效果及生产节拍分析

横担焊接机器人工作站实际焊接现场如图 7-20 所示，焊接效果稳定、焊缝平滑，如图 7-21 所示。对某客户现场的机器人焊接与手工焊接实际焊接效率进行对比，如表 7-2 所示。

图 7-20　横担焊接机器人工作站

图 7-21　焊接效果

手工焊生产节拍计算：

手工焊时间＝一个工件焊接时间＋等行车翻转工件时间＋等待行车更换工件时间＋休息时间

机器人生产节拍计算：

机器人焊时间＝一个工件焊接时间＋0.5min（双工位焊接）

表 7-2　焊接效率对比

| 工件尺寸/m | 单件工件手工焊时间/min | 单件工件机器人焊时间/min | 效率增长倍数 |
| --- | --- | --- | --- |
| 1.0 | 16 | 12 | 0.33 |
| 2.0 | 40 | 22 | 0.82 |
| 2.5 | 60 | 30 | 1.00 |
| 3.0 | 72 | 38 | 0.89 |
| 3.5 | 84 | 46 | 0.83 |

　　焊接机器人在电力铁塔横担上的成功应用，不仅提高了产品的生产效率和质量，减轻了工人劳动强度，实现了柔性化管理，使生产便于控制，同时也降低了企业的人工成本，提高了企业在行业内的竞争力。

# 7.1.4　农业机械行业-玉米收获机焊接机器人工作站

（1）玉米收获机焊接机器人工作站

　　玉米收获机，如图 7-22 所示，是在玉米成熟时，用来完成玉米的茎秆切割、摘穗、剥皮、脱粒、秸秆处理及收割后旋耕土地等生产环节的作业机具。

　　收获机中多种零部件均可采用机器人进行焊接生产，如拉草轮、拉茎轮、摘穗支架、前桥等，如图 7-23 所示。

图 7-22 玉米收获机

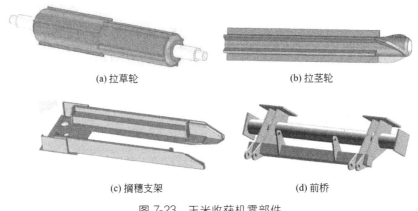

(a) 拉草轮　　　　　　　　　　　　　　(b) 拉茎轮

(c) 摘穗支架　　　　　　　　　　　　　　(d) 前桥

图 7-23 玉米收获机零部件

　　玉米收获机焊接机器人工作站主要由焊接机器人本体、焊接电源、头尾架变位机、电气控制柜及其他外围设备组成，系统布置如图 7-24 所示。配套使用数字脉冲逆变焊机，采用脉冲过渡方式焊接，使焊接过程热输入量大幅度减小，减少了焊后工件变形，焊缝质量好、成型美观。人工将工件各部分放在工装平台上，组对完成后，通过夹具对工件进行定位并夹紧，然后由机器人自动焊接。

　　（2）焊接工装

　　玉米收获机焊接机器人工作站采用头尾架变位机，能够翻转工件使焊缝达到最佳焊接姿态和位置，实现角焊、平焊、船型焊。同时变位机工装连接板可以进行快速更换，实现多种零部件的装夹、焊接，如图 7-25 所示。

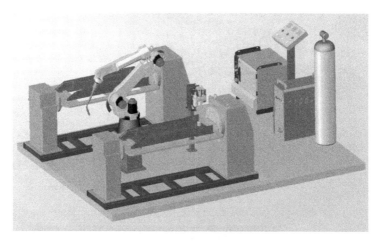

图 7-24  玉米收获机焊接机器人工作站

标准快换夹具框

图 7-25  焊接工装

（3）焊接效果

图 7-26 所示为玉米收获机焊接机器人工作站及收获机割台部件的焊接效果，实际生产过程中，由于工件下料精度差、组对间隙难以保证一致以及重复定位精度不高，容易出现焊缝偏离原始示教轨迹，导致焊偏现象。因此，该机器人工作站添加了焊缝寻位功能，焊接开始前进行焊缝起始点寻位，通过机器人自动修正原始示教轨迹，保证机器人运行轨迹始终与焊缝一致，极大地提高了焊接质量。机器人焊接与手工焊接效果对比如图 7-27 所示。

图 7-26　玉米收获机焊接机器人工作站

(a) 手工焊接

(b) 机器人焊接

图 7-27　焊接效果对比

## 7.1.5　建筑钢结构行业-牛腿部件焊接机器人工作站

（1）牛腿部件焊接机器人工作站

钢结构建筑相比于砖混结构建筑在环保、节能、高效、工厂化生产等方面具有明显优势。深圳高 325m 的地王大厦、上海浦东高 421m 的金茂大厦、北京的京广中心、鸟巢、央视新大楼、水立方、广州虎跳门大桥等大型建筑都采用了钢结构，如图 7-28 所示。

图 7-28　广州虎跳门大桥

　　建筑钢结构中牛腿部件的作用是衔接悬臂梁与挂梁，并传递来自挂梁的荷载。牛腿部件如图 7-29 所示，其焊接质量的好坏直接关系到整个建筑结构的安全稳定性能。牛腿最大质量达 1000kg，牛腿工件长度为 300～1500mm，截面范围 H250×150×10×10～H1250×600×50×50，焊前组对点焊位置基本固定，焊点焊脚高度＜3mm，组对间隙＜2mm，焊缝形式包括平角焊缝（板厚 10mm）、K 型坡口焊缝（板厚 30～50mm）、单边 V 坡口焊缝（板厚 10～20mm）等，均需要全熔透，且探伤符合Ⅰ级焊缝。

(a) 标准型牛腿　　　　　　　(b) 带筋板牛腿　　　　　　(c) H型变截面牛腿

图 7-29　牛腿部件

　　牛腿部件焊接机器人工作站主要由焊接机器人本体、焊接电源、L型变位机、电气控制柜、工装夹具及其他外围设备组成，采用单机器人双工位，系统布置如图 7-30 所示。通过行车将已组装点焊完毕的牛腿工件吊起并用工装夹具固定在变位机上，通过变位机带动工件进行旋转和翻转，实现不同焊接位置的焊接。焊接机器人自动行进至初始焊接位置，完成焊接、变位、再焊接的过程，最终实现牛腿部件所有位置焊缝的焊接。

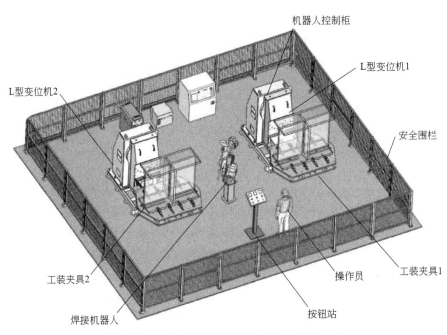

图 7-30　牛腿部件焊接机器人工作站系统布置

（2）焊接工装

牛腿部件焊接机器人工作站采用 L 型双轴变位机，双工位单机器人。焊接工装工作台采用上下双层结构布置，移动传动结构及导轨在下层，在 X 轴、Y 轴上采用对中式定位结构，驱动机构采用电动机驱动，压紧机构采用气动系统控制，如图 7-31 所示。

工作台处于水平位置，工件通过行车安放于工作台中间位置，然后电动机驱动正反丝杠在 X 轴、Y 轴方向进行对中定位，然后压紧气缸工作将工件压紧固定，机器人开始进行正常焊接，焊接完毕后，变位机回转至初始位置，压紧气缸松开，各定位机构回到初始位置，用行车将焊接完的工件移至成品区。

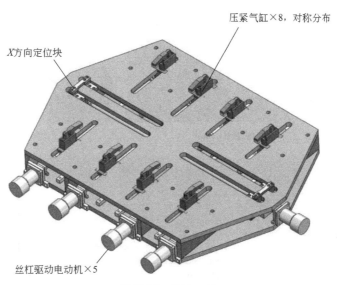

图 7-31　焊接工装

（3）焊接效果

　　为保证焊接质量和焊接效率，机器人系统配置了完善的自保护功能和弧焊数据库，主要包含原始路径再继续、故障自诊断、焊缝寻位功能、多层多道功能、电弧跟踪、专家数据库、摆动功能、清枪剪丝等功能，图 7-32 所示为牛腿部件焊接机器人工作站，焊接效果如图 7-33 所示。

图 7-32　牛腿部件焊接机器人工作站

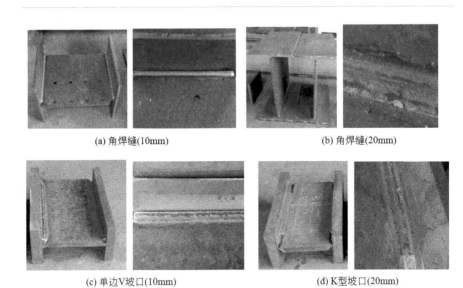

(a) 角焊缝(10mm)        (b) 角焊缝(20mm)

(c) 单边V坡口(10mm)        (d) K型坡口(20mm)

图 7-33 焊接效果

# 7.2 点焊机器人系统

点焊工艺是电阻焊的一种，是将被焊母材组合后压紧于两电极之间，并施以电流，通过电流流经工件接触面及邻近区域产生的电阻热效应将其加热到塑性状态，使母材表面相互紧密连接，形成牢固的结合部，广泛用于汽车、电子、仪表、家用电器等组合件薄板材料的焊接。在一辆白车身的约 4000 个焊点的焊接中，电阻焊占了 95%。人工点焊由于作业人员的疲劳和流动，使车身的焊接质量无法得到保证，而点焊机器人的应用，化解了这一矛盾，使焊接自动化成为现实。其主要优势表现在以下几个方面。

① 稳定和提高焊接质量，保证其均一性。

② 减少劳动者，降低劳动强度，改善了工人的劳动条件。

③ 提高生产率，一天可 24h 连续生产。

④ 提高设备的利用率，减少设备数量及车间的占地面积。

⑤ 产品周期明确，容易控制产品产量。

典型的点焊机器人系统主要包括机器人系统（机器人本体、机器人控制柜、示教器），点焊控制器，焊钳，线缆包，水气单元，焊接工装，电极修磨器，水冷系统，控制系统，安全系统等。

## 7.2.1 汽车行业-座椅骨架总成点焊机器人工作站

（1）座椅骨架总成

汽车座椅骨架多由管件和冲压件组焊构成，图 7-34 为座椅骨架总成，结构精度要求高，整体误差要小于 0.5mm。该工件要求节拍也非常高，总共有焊点 30 个，焊点位置复杂，单件生产时间要求不高于 60s。所以该结构非常适合于自动化焊接，建立点焊机器人工作站，采用机器人焊接。

（2）点焊系统组成

汽车座椅骨架点焊机器人工作站主要由点焊机器人、点焊控制器、中频伺服焊枪、旋转工作台、工装夹具、安全围栏等组成，如图 7-35 所示。机器人本体机构形态为多关节型，具有 6 个自由度，重复定位精度为

图 7-34 汽车座椅骨架总成

±0.07mm，每个轴均采用交流伺服电动机驱动，最大负载为 235kg。机器人上配有伺服焊钳，通过机器人焊接程序实现对座椅骨架的焊接。通过 PLC 信号对接，实现控制转台转动和自动修电极帽。

图 7-35 座椅骨架点焊机器人工作站

（3）工作原理

1）示教轨迹的确定　机器人是严格按照操作人员编制的示教程序来完成动作轨迹的。示教前首先对焊钳 TCP（工具中心点）进行设置，然后通过示教器完成焊接过程的示教编程。周边设备的控制及工件装夹和焊接过程逻辑控制由机器人控制器内的控制系统、PLC 和用户焊接示教程序共同完成，工件翻转机构换位是由机器人控制器内的交流伺服单元驱动和控制的。

2）焊接工艺参数的设定和控制　由于座椅骨架零部件厚度和材质是不一样的，所以要根据不同的情况对焊接电流、焊接时间、焊接压力等参数分别进行设置。

3）常见焊接缺陷防止措施　在焊接过程中，经常产生的缺陷有骑边、焊穿、焊核偏小等。机器人焊接产生骑边的主要原因是焊接位置调试不当，需要重新调整焊接位置；焊穿的主要原因是焊接电流偏大、焊接时间偏长或者是工件搭接缝隙过大；焊核偏小的主要原因是焊接电流偏小、焊接时间短。

## 7.2.2　汽车行业-车体点焊机器人工作站

工业机器人点焊系统由于其安全性，可靠性，灵活性，可通过程序选择控制机器人，并配备通信网络实现机器人之间的信息交换和共享，在汽车行业被广泛应用，例如车体的组装焊接，如图 7-36 所示。

图 7-36　车体点焊机器人工作站

车体板材主要为普通碳钢或者不锈钢，厚度1～3mm，工件种类与规格多样。通过前道工序装备到焊接夹具上，自动运输到点焊工位，通过点焊机器人进行点焊，机器人接收到启动指令后夹持点焊焊枪，按示教程序及焊接工艺对工件进行自动焊接，任务完成后，停焊并自动回到安全位置等待下一次指令。对于不可达到的焊缝，需要进行人工补焊。

(1) 整套点焊系统特点

① 控制系统灵敏可靠，故障少，且操作和维护方便。

② 事故间隔时间不低于80000h（汽车厂广泛使用）。

③ 具有通知定期检修和出错履历记忆功能。

④ 具有自停电保护、停电记忆。

⑤ 具有点焊专家程序（方便示教编程）。

⑥ 整个工作站由机器人控制系统来完成。

⑦ 电极自动修磨功能。

⑧ 机器人控制器采用图形化菜单显示，彩色示教盒，中英文双语切换显示，提供实施监视和在线帮助功能。具有位置软硬限位、过流、欠压、内部过热、控制异常、伺服异常、急停等故障的自诊断、显示和报警功能。

⑨ 示教盒编程示教；点位运动控制、轨迹运动控制；四种坐标系（关节、直角、工具、工件坐标系），同时具有相对坐标系、坐标平移、旋转功能；具有编辑、插入、修正、删除功能；直线、圆弧设定及等速控制。

(2) 工件精度要求

① 表面应无油、无锈、无污物；板件定位与装配位置误差小于±0.3mm。

② 工件的一致性尺寸不大于±0.3mm。

③ 工件重叠部分不能有相抵制状态。

④ 点焊位置间隙不能大于0.6mm。

(3) 现场环境要求

① 环境温度：0～45℃。

② 相对湿度：20%～85%RH。

③ 振动：振动加速度小于0.5g。

④ 电源：三相380V；电压波动范围：＋10%、－15%；电压频率：

50Hz。要求机器人控制柜电源和焊接用电源从电网变压器分别引出到焊接工作站指定地点，配有独立的空气开关。地线：焊机与控制柜必须分别接地，接地电阻小于 100Ω。

⑤ 压缩空气：压力不小于 6kgf/cm$^2$（需滤出水、油；1kgf/cm$^2$ = 98.0665kPa）。

⑥ 现场无腐蚀性气体。

第8章

焊接机器人的
保养和维修

# 8.1 焊接机器人的保养

机器人的维护保养是机器人正常工作的重要保证，不仅可以降低机器人的故障率，同时也能保证机器人与操作人员的安全。维护保养过程必须遵守安全操作说明规定。

① 维护人员要接受过专业的机器人基本操作和维护保养培训。

② 维护人员进行机器人维护保养操作时，应穿着工作服、安全鞋并佩戴安全帽等安全防护用具。

③ 进行维护或检查作业时，要确保随时可以按下紧急停止开关，以便需要时立即停止机器人作业。

④ 每日工作结束后的检查项目和定期实施的电缆紧固检查项目均需要在电源关闭的情况下进行。

## 8.1.1 机器人本体的保养

机器人本体的保养主要包括日常检查和定期检查。日常检查为每日机器人电源闭合前后需要进行的检查：电源闭合前检查焊接相关部品、安全防护设施是否完好等；闭合电源后则需要对机器人示教器紧急停止开关、机器人原点位置、风扇运转情况等内容进行检查。定期维护主要包括每三个月、六个月、一年、三年等需要实施的检查。

（1）日常检查

1）电源闭合前检查

① 首先确认紧急停止开关功能是否正常，按下急停按钮，确认是否报警。

② 检查机器人原点位置是否准确，若不准确需重新校正零点。

③ 手动操作机器人，观察各轴运转是否平滑、稳定，是否存在异响震动。

④ 检查机器人控制柜散热扇是否工作正常。

2）电源闭合后检查

① 将示教器电缆整理齐整并悬挂在合适位置。

② 用干抹布擦除本体上的飞溅、灰尘等杂物。

③ 用干燥毛刷清理送丝机上的飞溅、灰尘。

④ 对工作现场卫生进行清扫处理。

（2）定期检查

机器人本体的定期保养维护包括每月维护检查、一年保养周期更换机器人本体电池和三年保养周期更换机器人减速器的润滑油及更换机器人控制柜电池，下面将介绍具体保养内容。

1）每月维护项目

① 检查机器人本体连接电缆是否紧固完好、示教器电缆外观是否完好，若有破损需及时更换或维修。

② 检查焊接设备输出电缆是否紧固，焊枪电缆、导丝管是否完好，若有破损需及时更换。

③ 本体除尘，用干抹布对机器人本体灰尘、飞溅进行清理，严禁用压缩气体吹扫机器人本体。

④ 控制柜除尘，采用适当压力的干燥压缩空气对控制柜内部进行除尘。

2）一年维护项目　一年保养周期需要更换机器人本体电池，机器人本体上的电池用来保存每根轴编码器的数据，因此电池每年都需要更换。当电池电压下降时，在示教器上会显示报警，代码为：SRVO-065 BLAL alarm（Group：%d Axis：%d），此时需要及时更换电池。若不及时更换，则会出现报警，代码为：SRVO-062 BZAL alarm（Group：%d Axis：%d），此时机器人将不能动作，遇到这种情况再更换电池，还需要做机器人零点恢复才能使机器人正常运行。

具体更换操作步骤如下：

① 保持机器人电源开启，按下机器急停按钮。

② 打开电池盒的盖子，取下旧电池。

③ 换上新电池，注意不要装错正负极。

④ 盖上电池盒盖子，拧紧螺丝。

3）三年维护项目

① 更换控制器主板上的电池　机器人的程序和系统变量均存储在控制柜主板的 SRAM 中，由一节位于主板上的锂电池供电，以保存数据，如图 8-1 所示。当这节电池的电压不足时，则会在 TP 上显示报警，代码为：SYST-035 Low or No Battery Power in PSU。当电压变得更低时，SRAM 中的内容将不能备份，这时需要更换旧电池，并将原先备份的数据重新加载。因此，平时需注意用 Memory Card 或软盘定期备份数据。

接头

图 8-1 控制柜主板电池

具体操作步骤如下：

a. 准备一节新的 3V 锂电池。

b. 机器人通电开机正常后，等待 30s。

c. 机器人关电，打开控制器柜子，拔下接头，取下主板上的旧电池。

d. 装上新电池，接好插头。

② 更换润滑油 机器人每工作三年或工作 10000h，需要更换 J1～J6 轴减速器润滑油和 J4 轴齿轮盒的润滑油，加油位置如图 8-2 所示。

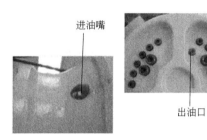

进油嘴

出油口

图 8-2 加油位置

具体步骤如下：

a. 关闭机器人电源。

b. 取下出油口塞子。

c. 从进油口处加入润滑油，直到出油口处有新的润滑油流出为止。

d. 旋转机器人被加油的轴并反复转动一段时间，直到没有油从出油口处流出。

e. 装上出油口的塞子并拧紧。

## 8.1.2 焊接设备的保养

焊接设备是实现焊接工艺必不可少的装备，每一个从事焊接工作的企业或个人都希望充分利用设备的性能，延长机器的使用寿命。要达到这个目的，除了按操作规程正确使用焊接设备外，还要定期做好保养与维修工作。焊接设备主要保养内容参考表 8-1。

**表 8-1　焊接设备主要保养内容**

| 保养周期 | 主要检查和保养内容 | 备注 |
|---|---|---|
| 日常 | 不正常的噪声、震动和枪头发热程度 | |
| | 焊机风扇是否运行 | |
| | 水箱风扇是否正常运行，水泵是否正常工作 | |
| | 检查送丝阻力是否过大，枪头易损件是否正常 | |
| 三个月 | 输入电源线路是否破损 | |
| | 接插件的固定状况是否良好，水路是否漏水，气路是否漏气 | |
| | 清除焊机上面的灰尘和杂物 | |
| | 检查焊枪是否破损，地线是否破损 | |
| | 检查导丝管是否破损 | |
| 六个月 | 清理焊机内部灰尘，紧固各焊接插件 | 如果工作环境恶劣，建议三个月进行清理 |
| | 清理水箱内的灰尘，尤其是风扇和散热器上面的灰尘 | |
| 一年 | 清理和更换水箱内的冷却液 | |

（1）焊接电源的保养

1）使用注意事项

① 应在机壳上盖规定处铆装设备号标牌，否则可能会损坏内部元件。

② 焊接电缆插头与焊接电源输出插座的连接要紧密可靠。

③ 要避免焊接电缆破损，防止焊接电源输出短路。

④ 要避免控制电缆破损、断线。

⑤ 要避免焊接电源受撞击变形，不要在焊接电源上堆放重物。

⑥ 要保证通风顺畅。

2）定期检查及保养

① 定期做好检测工作。例如，查看焊机通电时，冷却风扇的旋转是否平顺；是否有异常的震动、声音和气味；保护气体是否泄漏；电焊线的接头及绝缘的包扎是否有松懈或剥落；焊接的电缆及各接线部位是否有异常的发热现象等。

② 由于焊机是强迫风冷，很容易从周围吸入尘埃并积存于机内。

因此，可以定期使用清洁干燥的压缩空气将焊机内部的积尘吹拭干净。

③ 定期检查电力配线的接线部位。入力侧、出力侧等端子以及外部配线的接线部位、内部配线的接线部位等的接线螺丝是否有松动，生锈时要将铁锈除去以保证接触导电良好。

④ 焊机长时间的使用难免会使外壳因碰撞而变形或因生锈而受损伤，内部零件也会消磨，因此在年度保养和检查时要实施不良品零件的更换和外壳修补及绝缘劣化部位的补强等综合修补工作。不良品零件的更换在做保养时最好能够一次全部更换新品以确保焊机的性能。

（2）送丝机构的保养

1）使用注意事项

① 送丝轮的正确选择。在使用前必须了解所焊的材质、焊丝的材质、焊丝的直径，选择与之匹配的送丝轮。如铝、铜及其合金焊丝要选择 H 型送丝轮；钢、不锈钢焊丝要选择 T 型送丝轮；而药芯焊丝要选择滚花式送药芯焊丝送丝轮。

② 送丝轮压力的调节。不同材质的焊丝，其送丝压力的调节不一样。对于柔性的焊丝，如铝及铝合金或铜及铜合金的焊丝，其调其节力度不能太大，否则焊丝将被挤压变形，造成送丝不畅。压力调节应遵循：调节时做到前紧后松，导电嘴处如有阻力，最好让轮与焊丝能打滑，这样可以避免堵丝的现象。对于硬质的焊丝，可以做到压力前后一致，尽可能让焊丝顺畅送出。

2）定期检查及保养

① 送丝轮在使用一段时间后，须查看是否有破裂的现象，有无磨损严重的情况，若出现需及时更换，避免影响生产。

② 通常情况下，送丝机构在使用每六个月后，必须用干燥的压缩空气进行清洁。对线路板进行清洁时，不要靠近，以免气体内含水分喷到电子元件上或气压太大，将线路板元器件吹落。

（3）焊枪的保养

1）使用注意事项

① 焊枪与指定的送丝机、焊接电源、焊接机器人配套使用。

② 易损件及需要更换的部件应选用原装部件。

③ 焊接时要注意焊枪的额定负载持续率。

④ 不得挤压、砸碰、强力拉拽焊枪，焊接结束时应将焊枪放置在安

全位置。

⑤ 焊枪各连接处必须紧固，每次焊接前均要进行检查。

⑥ 送丝管的规格应符合要求，并定期进行清理。

⑦ 导电嘴与所用焊丝的规格必须一致，磨损后应及时更换。

⑧ 喷嘴、喷嘴座、气筛必须完好、齐备，并保持良好的清洁、绝缘状态。

⑨ 喷嘴、气筛和导电嘴的飞溅物要及时清理。

2）定期检查及保养

① 长时间使用焊枪，喷嘴处会沾满飞溅颗粒，应及时进行清理，否则会对保护气体的流量产生影响，从而影响焊接质量。

② 导电嘴属于易耗品，在长时间焊接时，应在每天开始焊接前更换新的导电嘴，以保证良好的焊接质量。

③ 长时间使用后，焊枪内的送丝管内壁上会黏附金属屑，长时间不清理将会影响送丝的顺畅性，影响焊接质量。一般情况下，每焊完一盘焊丝后，需用高压气体清理送丝系统，若清理后送丝阻力依然很大，需要更换送丝管。

3）故障及排除

① 导电嘴定期进行检查、更换：由于长时间工作磨损，导电嘴的孔径变大，将引起电弧不稳定，焊缝外观恶化或粘丝；导电嘴末端粘上飞溅物，送丝变得不顺畅；导电嘴安装不牢固，螺纹连接处会发热，影响焊接稳定性。

② 送丝软管定期进行清理和更换：送丝软管长时间使用后，将会积存大量铁粉、尘埃、焊丝的镀屑等，造成送丝不顺畅。需要定期进行清理，将其卷曲并轻轻敲击，使积存物抖落，然后采用压缩空气将碎屑吹掉。软管上的油垢要采用刷子在油中刷洗，然后再用压缩空气将其吹净。送丝软管如果错丝或严重变形弯曲，需要更换新软管。

③ 绝缘套圈的检查：如果取下绝缘套圈施焊，飞溅物将黏附在喷嘴里面，使喷嘴与带电部分导通，焊枪将会因短路而烧毁。同时为了使保护气体均匀地流出，一定要装上绝缘套圈。

# 8.2 焊接机器人的维修

在焊接机器人出现故障报警时，须严格遵守机器人厂家维修说明书进行故障排查与检修，切勿擅自操作改动，下面将简述焊接机器人常见故障及维修。

## 8.2.1 控制柜的维修

不同型号控制柜的常见故障基本大同小异，检查和处置方式基本相同。表 8-2 给出了控制柜常见故障排查及处置措施，表 8-3 给出了基于保险丝的故障追踪及处置措施。

表 8-2　常见故障排查及处置措施

| 检查和处置 | 图示 |
| --- | --- |
| 检查<br>1)确认断路器电源已经接通<br>2）确认断路器没有处在跳闸状态<br>处置<br>1)断路器没有接通时,接通断路器<br>2)断路器已跳闸时,参照综合连接图检查原因 | 断路器 |
| 检查 1:<br>确认急停板上的保险丝 FUSE3 是否熔断。保险丝熔断时,急停板上的 LED(红)点亮。保险丝已经熔断时,执行处置 1,更换保险丝<br>检查 2:<br>急停印刷电路板上的保险丝 FUSE3 尚未熔断时,执行处置 2<br>处置 1:<br>1)检查示教器电缆是否有异常,如有需要则予以更换<br>2)检查示教器上是否有异常,如有需要则予以更换<br>3)更换急停板<br>处置 2:<br>1)主板 LED 尚未点亮,更换急停单元<br>2)主板 LED 已经点亮时,执行处置 1 | 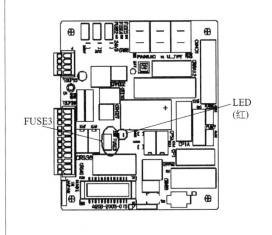<br>FUSE3　　LED(红) |

续表

| 检查和处置 | 图示 |
|---|---|
| 检查1：<br>确认主板上的状态显示 LED 和 7 段 LED<br>处置1：<br>按照 LED 的状态采取对策,更换 CPU 卡或主板或 FROM/SRAM 模块等<br>检查2：<br>检查1中主板的 LED 尚未点亮时,检查主板上的 FUSE1 是否熔断,已经熔断的情形参照处置2,没有熔断的情形参照处置3<br>处置2：<br>1)更换后面板<br>2)更换主板<br>3)迷你插槽上安装可选板时,更换可选板<br>处置3：<br>1)更换急停单元<br>2)更换主板-急停单元之间的电缆<br>3)更换(处置1)中所示的板 | 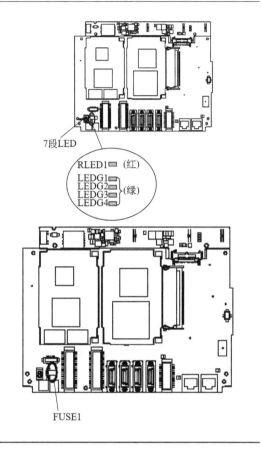<br><br>7段LED<br>RLED1 （红）<br>LEDG1<br>LEDG2<br>LEDG3（绿）<br>LEDG4<br><br>FUSE1 |

表 8-3　基于保险丝故障追踪及处置措施

| 名称 | 熔断时的现象 | 对策 |
|---|---|---|
| FUSE1 | 示教器上显示报警：SRVO-220 | 1)有可能 24SDI 与 0V 短路,检查外围设备电缆是否有异常,如有需要则予以更换<br>2)拆除 CRS40 的连接<br>3)更换急停单元-伺服放大器之间的电缆<br>4)更换主板-急停单元之间的电缆<br>5)更换急停单元<br>6)更换伺服放大器 |
| FS1 | 伺服放大器的所有 LED 都消失,示教器上会显示出 FSSB 断线报警（SRVO-057）或 FSSB 初始化报警（SRVO-058） | 更换 6 轴伺服放大器 |

续表

| 名称 | 熔断时的现象 | 对策 |
|---|---|---|
| FS2 | 示教器上会显示出"FUSE BLOWN(AMP)（SRVO-214）"（6轴放大器保险丝熔断）和"Hand broken(SRVO-006)"（机械手断裂）、"Robotovertravel(SRVO-005)"（机器人超程） | 1)检查末端执行器所使用的＋24VF是否有接地故障<br>2)检查机器人连接电缆和机器人内部电缆,检查机械内部风扇<br>3)更换6轴伺服放大器 |
| FS3 | 示教器上会显示出"6ch amplifier fuseblown（SRVO-214）"（6轴放大器保险丝熔断）和"DCAL alarm（SRVO-043）"（DCAL报警） | 1)检查再生电阻,如有必要则予以更换<br>2)更换6轴伺服放大器 |

## 8.2.2　脉冲编码器的维修

（1）脉冲编码器的更换

① 关闭机器人电源，找到编码器对应的马达，并拆掉编码器线的保护罩。

② 拔掉编码器线，并将编码器缓缓取下。

③ 更换新的编码器进行安装。

（2）编码器安装注意事项

① 务必对准键槽和键。

② 务必对准温度采集装置的针脚。

③ 安装前要确认密封圈完好，且安装过程中没有变形。

④ 螺丝要均匀拧紧。

## 8.2.3　机器人本体电缆的维修

（1）拆卸电缆

① 将机器人所有轴置于0°位置，并做好MC备份和镜像备份，然后断开控制柜的电源。

② 从机器人底座的配线板拆除控制柜侧的电缆，并将配线板拆出，如图8-3所示。

③ 将本体电缆与外罩分离，并将电池盒接线端子拆除。

④ 将J1轴底座的内部接地端子拆除，并将本体电缆插头完全分离，如图8-4所示。

图 8-3 拆除配线板

图 8-4 电缆分离

⑤ 拆除 J1 和 J2 轴编码器插头盖板，然后拆除编码器插头。

⑥ 拆除电缆各轴的动力线接头、刹车线接头。

⑦ 拆除 J2 轴基座上的盖板。

⑧ 拆除 J1 轴上侧夹紧电缆的盖板及 J1 轴基座内的板，拆除固定电缆夹的螺栓，并将本体哈丁接头从 J1 轴底座管部拉出。

⑨ 拆除 J2 轴侧板的固定螺栓及 J2 轴机械臂的盖板。

⑩ 拆除电缆的夹紧盖板，并将防护布拆除，如图 8-5 所示。

⑪ 拆除 J3 轴外壳的正面配线板、左侧盖板及右侧走。

⑫ 将 J3~J6 轴电缆穿过铸孔，并将其拉到正面侧，然后切断要被更换电缆的尼龙扎带，从而完成电缆的拆除过程。

（2）安装电缆

① 将电缆用尼龙扎带束紧，用螺栓将电缆固定在 J2 轴机臂上，然后将盖板安装到 J2 轴机臂上。

② 新电缆在需要固定并扎紧的部位有黄色胶带标记，按照标记固定并束紧扎带，如图 8-6 所示，如果束紧的过后或者过前将会导致之后的走线不顺畅。

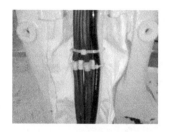
图 8-5 拆除防护布

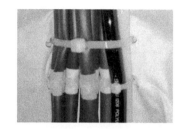
图 8-6 束紧扎带

③ 用扎带将电缆束紧，将 J1 轴的上侧盖板固定在 J2 轴基座上，然后安装好侧边的盖板。

④ 将电缆穿过平衡缸下侧，注意电缆的修整，避免电缆与平衡缸相互干涉。

⑤ 将电缆从 J1 轴管孔穿过并将其拉到 J1 轴基座后侧，在线夹处用尼龙扎带将电缆固定好。

⑥ 将哈丁接头固定在配线板上，将地线、电池盒电缆接好（注意正负极不要装反），如图 8-7 所示。

图 8-7　配线板

⑦ 将 J3～J6 轴电动机插头从 J3 轴外壳侧穿过其中的铸孔，将 J3～J6 轴电缆固定在安装板，并将 J3 轴外壳的各个盖板安装好。

⑧ 将各轴的电动机编码器、刹车接头、动力接头连接好，然后安装 J1～J2 轴的编码器保护板，检查各盖板螺栓是否齐全并拧紧，从而完成电缆的安装过程，接线。

⑨ 接通电源，重新校准机器人零位，检查机器人状态是否正常。

## 8.2.4　伺服放大器的维修

（1）拆卸伺服放大器

① 关闭控制柜电源，逆时针转动电源开关，打开控制柜门。

② 在控制柜内左下角找到 6 轴伺服放大器，如图 8-8 所示。按照从顶层到底层的顺序依次断开 6 轴伺服放大器上的连接接头（放大器自身附带的 3 个短接头无须断开）。

图 8-8　伺服放大器

　　③ 使用长柄十字螺丝刀拧松固定 6 轴伺服放大器的两颗螺丝，如图 8-9 所示，然后用双手抓住 6 轴伺服放大器的两个抓手把柄向外拉动，使得放大器与控制柜脱开。

图 8-9　伺服放大器紧固螺丝位置

　　④ 在 6 轴伺服放大器与控制柜松开后，将放大器从控制柜中取出，从而完成伺服放大器的拆卸过程。

　　（2）安装伺服放大器

　　① 将原放大器上的 3 个短接头及 2 个抓手把柄拆下，安装至新放大器上。

　　② 将新的 6 轴伺服放大器安装至控制柜内，使用长柄十字螺丝刀将两颗固定螺丝拧紧（注意：在放大器安装过程中，检查放大器四周是否有线缆被压住）。

　　③ 根据 6 轴伺服放大器上面每个接口的标号，对应线缆接头上的标号，连接线缆。

　　④ 按照从底层往顶层的顺序将 6 轴伺服放大器上的所有线缆接口连接，从而完成伺服放大器的拆卸过程。

　　（3）注意事项

　　① 更换 6 轴伺服放大器的整个过程必须保证控制柜电源处于断电状态。

　　② 更换完成后请勿急于上电测试，务必确认 6 轴伺服放大器上的所有连接的电缆标号与接口标号一致。

　　③ 确认无误后，关闭控制柜门，打开控制柜电源，恢复机器人正常使用。

## 8.2.5 维修安全注意事项

为了确保维修技术人员的安全，应充分注意下列事项：

① 在机器人运转过程中切勿进入机器人的动作范围内。

② 应尽可能在断开控制装置的电源的状态下进行维修作业。

③ 在通电中因迫不得已的情况而需要进入机器人的动作范围内时，应在按下操作面板或者示教操作盘的急停按钮后再入内。

④ 作业人员应挂上"正在进行维修作业"的标牌，提醒其他人员不要随意操作机器人。

⑤ 在进行气动系统的分离时，应在释放供应压力的状态下进行。

⑥ 在进行维修作业之前，应确认机器人或者外围设备没有处在危险的状态且没有异常。

⑦ 当机器人的动作范围内有人时，切勿执行自动运转。

⑧ 当机器人上备有刀具以及除了机器人外还有传送带等可动器具时，应充分注意这些装置的运动。

⑨ 维修作业时应在操作面板的旁边配置一名熟悉机器人系统且能够察觉危险的人员，使其处在任何时候都可以按下急停按钮的状态。

⑩ 在更换部件或重新组装时，应注意避免异物的黏附或者异物的混入。

⑪ 在检修控制装置内部时，为了预防触电，务必先断开控制装置的主断路器的电源，而后再进行作业。

⑫ 维修作业结束后重新启动机器人系统时，应事先充分确认机器人动作范围内是否有人，机器人和外围设备是否有异常。

# 8.3 机器人点焊钳维护

（1）检查保养周期

为了充分发挥焊钳的性能，延长其使用寿命，需要定期做好保养与维修工作，表 8-4 给出了具体的保养周期。

（2）各部件的保养检查

1）平衡部件的保养检查

① 每日与每周检查内容。

a.平衡部件能否顺畅工作。

b.调节弹簧的螺母有无松动。

c.限位螺栓有无裂缝、变形和磨损。

d.导向杆上有无飞溅。

以上如果发生异常，需立即进行锁紧拆卸维修处理。

表8-4 焊钳检查保养周期

| 序号 | 部件名称 | 主要零件名称 | 检查周期 | 使用寿命 |
|---|---|---|---|---|
| 1 | 电极部件 | 电极帽<br>电极杆<br>电极臂 | 3000～10000 点 | 3000～10000 点<br>100 万点<br>100 万点 |
| 2 | 平衡部件 | 支架 吊架<br>衬套 导向杆<br>缓冲器限位 | 100 万点或 3 个月 | 300 万～500 万点<br>150 万～200 万点<br>150 万～200 万点 |
| 3 | 气缸部件 | 气缸<br>衬套 活塞 活塞杆<br>密封件 导向杆气缸盖 | 100 万点或 3 个月 | 300 万～500 万点<br>150 万～300 万点<br>150 万～300 万点 |
| 4 | 二次导电部件 | 可绕导体<br>端子 二次导体<br>焊接臂 电极臂 | 5 万点 | 50 万点<br>300 万～500 万点<br>300 万～500 万点 |

② 拆卸检查处置。

拆卸检查处置具体内容见表8-5。

表8-5 拆卸检查

| 序号 | 检查部位 | 异常状态 | 处置方式 |
|---|---|---|---|
| 1 | 平衡部件 | 支架有无裂痕,安全带是否可靠 | 修护或更换 |
| | | 缓冲限位有无变形 | 更换 |
| | | 衬套的磨损 | 确认无法使用、不安全后需更换 |
| 2 | 导向杆表面 | 飞溅少、伤浅 | 打磨后使用 |
| | | 飞溅多、伤重 | 更换 |
| 3 | 限位部件 | 裂痕、变形、磨损 | 影响产品质量,更换 |
| 4 | 弹力装置 | 能否调节到要求 | 不符合要求,更换 |
| 5 | 机器人平衡气缸 | 有无漏气 | 更换密封元件或更换气缸 |

③ 装配注意要点。

a. 首先清洗各个零件，确认无灰尘等异物后再装配。

b. 装配活塞杆及衬套时应提前涂抹润滑脂。

c. 发现生锈的情况，必须去除。

d. 组装场地工况环境要符合装配作业要求。

e. 锁紧螺栓和螺母时，要按规定的扭矩执行。

2）气缸部件的保养检查

① 每日与每周检查内容。

a. 固定气缸的螺栓和螺母是否松动。

b. 气缸安装部分是否松动或变形。

c. 动作是否顺畅。

d. 有无漏气现象。

e. 行程是否异常。

f. 活塞杆表面是否有飞溅、磨损。

以上如果发生异常，需立即进行锁紧拆卸维修处理。

② 拆卸检查处置。

拆卸检查处置具体内容见表 8-6。

表 8-6　拆卸检查

| 序号 | 检查部位 | 异常状态 | 处置方式 |
| --- | --- | --- | --- |
| 1 | 套管内表面 | 浅划伤 | 砂纸打磨 |
| | | 深划伤 | 更换 |
| | | 烧伤 | 更换 |
| 2 | 活塞杆表面 | 浅划伤 | 砂纸打磨 |
| | | 深划伤 | 更换 |
| | | 烧伤 | 更换 |
| 3 | 衬套内表面 | 浅划伤 | 打磨 |
| | | 磨损严重或开裂 | 更换 |
| 4 | 活塞表面 | 浅划伤 | 打磨 |
| | | 深划伤、开裂 | 更换 |
| | | 异常磨损 | 确认负荷后矫正 |
| 5 | 活塞杆的固定 | 松动 | 紧固 |
| | | 开裂 | 补焊 |

③ 装配注意要点。

a. 组装前清洗所有零件，确认无灰尘等异物附着的情况下组装。

b. 装配活塞杆及衬套时应提前涂抹润滑脂。

c. 发现生锈的情况，必须去除。

d. 不要造成人为的二次划伤。

e. 锁紧螺栓和螺母时，要按规定的扭矩执行。

3）二次导电部件的保养检查

① 每日与每周检查内容。

a. 固定导电部分的螺栓和螺母是否松动。

b. 可绕导体和二次导体是否依照图纸安装。

c. 固定电缆的螺栓、螺母是否松动。

d. 绝缘部件是否烧损或熔化。

e. 合金焊接臂打点 350 万次确认是否开裂。

以上如果发生异常，需立即进行锁紧拆卸维修处理。

② 拆卸检查处置。

拆卸检查处置具体内容见表 8-7。

表 8-7　拆卸检查

| 序号 | 检查部位 | 异常状态 | 处置方式 |
|---|---|---|---|
| 1 | 焊接臂、可绕导体、二次导体表面 | 浅的电侵蚀 | 锉刀打磨、砂纸抛光 |
| | | 深的电侵蚀 | 机加工、补焊修复或更换 |
| | | 异常发热 | 确认负载连续率、电流值、水冷状态、打点数，确认绝缘件是否异常，有变色需更换 |
| 2 | 可绕导体 | 折弯、变形 | 确认动作干涉程序关系后维修 |
| | | 断裂 | 少量断裂维护使用，否则更换 |
| | | 色变 | 确认负载连续率和焊接平衡条件后更换 |
| 3 | 衬套内表面 | 浅划伤 | 打磨 |
| | | 磨损严重或开裂 | 更换 |
| 4 | 活塞表面 | 浅划伤 | 打磨 |
| | | 深划伤、开裂 | 更换 |
| | | 异常磨损 | 确认负荷后矫正 |
| 5 | 活塞杆的固定 | 松动 | 紧固 |
| | | 开裂 | 补焊 |

③ 装配注意要点。

a.组装前清洗所有零件，确认无灰尘等异物附着的情况下组装。

b.装配活塞杆及衬套时应提前涂抹润滑脂。

c.发现生锈的情况，必须去除。

d.不要造成人为的二次划伤。

e.锁紧螺栓和螺母时，要按规定的扭矩执行。

# 参考文献

[1] 卓扬娃，白晓灿，陈永明.机器人的三种规则曲线插补算法 [J]. 装备制造技术，2009，11：27-29.

[2] 林瑶瑶，仲崇权. 伺服驱动器转速控制技术 [J]. 电气传动，2014，44（3）：21-26.

[3] 占锁，王兆宇，张越. 彻底学会西门子PLC、变频器、触摸屏综合应用 [M]. 北京：中国电力出版社，2012.

[4] 孙同鑫. 纺织印染电气控制技术 400 问 [M]. 北京：中国纺织出版社，2007.

[5] 李方园. 图解西门子 S7 1200PLC 入门到实践 [M]. 北京：机械工业出版社，2010.

[6] 丁天怀，陈祥林. 电涡流传感器阵列测试技术 [J]. 测试技术学报，2006，20（1）：1-5.

[7] 凌保明，诸葛向彬，凌云. 电涡流传感器的温度稳定性研究 [J]. 仪器仪表学报，1994（4）：342-346.

[8] 谭祖根，陈守川. 电涡流传感器的基本原理分析与参数选择 [J]. 仪器仪表学报，1980（1）：116-125.

[9] 董春林，李继忠，栾国红. 机器人搅拌摩擦焊发展现状与趋势 [J]. 航空制造技术，2014，17：76-79.

[10] 王云鹏. 焊接结构生产 [M]. 北京：机械工业出版社，2004.

[11] 袁军民. MOTOMAN 点焊机器人系统及应用 [J]. 金属加工，2008，14：35-38.

[12] 李华伟. 机器人点焊焊钳特点解析. 第七届中国机器人焊接学术与技术交流会议论文集. 长春，2009：40-43.

[13] 冯吉才，赵熹华，吴林. 点焊机器人焊接系统的应用现状与发展 [J]. 机器人，1991，13（2）：53-58.

[14] 中国焊接协会成套设备与专用机具分会，中国机械工程学会焊接学会机器人与自动化专业委员会. 焊接机器人使用手册 [M]. 北京：机械工业出版社，2014.

[15] 陈祝年. 焊接工程师手册 [M]. 2 版.北京：机械工业出版社，2010.

[16] 石林. 焊接机器人系统集成应用发展现状与趋势. [J]. 机器人技术及应用，2016（06）：17-21.

[17] J. Norberto Pires, Altino Loureiro, Gunnar Bolmsjo. Weldiing Robots-Technology, System Issues and Application. London: Springer, 2006.

[18] 林尚扬，陈善本，李成桐. 焊接机器人及其应用 [M]. 北京：中国标准出版社，2000.

[19] 胡绳荪，焊接过程自动化技术及其应用概要 [M]. 北京：机械工业出版社，2006.

[20] 约翰. J. 克拉克. 机器人学导论 [M]. 贠超，译. 北京：机械工业出版社，2006.

[21] Saeed. B. Niku. 机器人学导论-分析、系统及应用 [M]. 孙富春，朱纪洪，刘国栋，译. 北京：电子工业出版社，2004.

[22] 张铁，谢存禧. 机器人学 [M]. 广州：华南理工大学出版社，2000.

[23] 蔡自兴. 机器人学 [M]. 北京：清华大学出版社，2000.

[24] 雷扎 N. 贾扎尔（RezaN. Jazar）.应用机器人学：运动学、动力学与控制技术 [M]. 周高峰，译. 北京：机械工业出版社，2018.

[25] 熊有伦，李文龙，陈文斌，等. 机器人

学：建模、控制与视觉[M]. 武汉：华中科技大学出版社，2018.

[26]  郭彤颖，安冬. 机器人学及其智能控制[M]. 北京：人民邮电出版社，2014.

[27]  黄志坚. 机器人驱动与控制及应用实例[M]. 北京：化学工业出版社，2016.

[28]  陈万米. 机器人控制技术[M]. 北京：机械工业出版社，2017.

[29]  张昊，黄永德，郭跃，等. 适用于机器人焊接的搅拌摩擦焊技术及工艺研究现状[J]. 材料导报，2018，32（1）：128-133.

[30]  颜嘉男. 伺服电机应用技术[M]. 北京：科学出版社，2017.

[31]  寇宝泉，程树康. 交流伺服电机及其控制[M]. 北京：机械工业出版社，2008.

# 索　引